INTRODUÇÃO À METODOLOGIA DA CIÊNCIA

O GEN | Grupo Editorial Nacional – maior plataforma editorial brasileira no segmento científico, técnico e profissional – publica conteúdos nas áreas de ciências sociais aplicadas, exatas, humanas, jurídicas e da saúde, além de prover serviços direcionados à educação continuada e à preparação para concursos.

As editoras que integram o GEN, das mais respeitadas no mercado editorial, construíram catálogos inigualáveis, com obras decisivas para a formação acadêmica e o aperfeiçoamento de várias gerações de profissionais e estudantes, tendo se tornado sinônimo de qualidade e seriedade.

A missão do GEN e dos núcleos de conteúdo que o compõem é prover a melhor informação científica e distribuí-la de maneira flexível e conveniente, a preços justos, gerando benefícios e servindo a autores, docentes, livreiros, funcionários, colaboradores e acionistas.

Nosso comportamento ético incondicional e nossa responsabilidade social e ambiental são reforçados pela natureza educacional de nossa atividade e dão sustentabilidade ao crescimento contínuo e à rentabilidade do grupo.

PEDRO DEMO

INTRODUÇÃO À METODOLOGIA DA CIÊNCIA

O autor e a editora empenharam-se para citar adequadamente e dar o devido crédito a todos os detentores dos direitos autorais de qualquer material utilizado neste livro, dispondo-se a possíveis acertos caso, inadvertidamente, a identificação de algum deles tenha sido omitida.

Não é responsabilidade da editora nem do autor a ocorrência de eventuais perdas ou danos a pessoas ou bens que tenham origem no uso desta publicação.

Apesar dos melhores esforços do autor, do editor e dos revisores, é inevitável que surjam erros no texto. Assim, são bem-vindas as comunicações de usuários sobre correções ou sugestões referentes ao conteúdo ou ao nível pedagógico que auxiliem o aprimoramento de edições futuras. Os comentários dos leitores podem ser encaminhados à **Editora Atlas Ltda.** pelo e-mail editorialcsa@grupogen.com.br.

Direitos exclusivos para a língua portuguesa
Copyright © 1985 by
Editora Atlas Ltda.
Uma editora integrante do GEN | Grupo Editorial Nacional

Reservados todos os direitos. É proibida a duplicação ou reprodução deste volume, no todo ou em parte, sob quaisquer formas ou por quaisquer meios (eletrônico, mecânico, gravação, fotocópia, distribuição na internet ou outros), sem permissão expressa da editora.

Rua Conselheiro Nébias, 1384
Campos Elísios, São Paulo, SP – CEP 01203-904
Tels.: 21-3543-0770/11-5080-0770
editorialcsa@grupogen.com.br
www.grupogen.com.br

Designer de capa: Paulo Pereira Leite

DADOS INTERNACIONAIS DE CATALOGAÇÃO NA PUBLICAÇÃO (CIP)
(CÂMARA BRASILEIRA DO LIVRO, SP, BRASIL)

Demo, Pedro
  Introdução à metodologia da ciência / Pedro Demo. – 2. ed. – São Paulo: Atlas, 2017.

  Bibliografia
  ISBN 978-85-224-1554-0

  1. Ciência – Metodologia   I. Título.

83-0317
CDD-501-8

Índices para catálogo sistemático:

1. Metodologia : Ciência 501.8
2. Metodologia científica 501.8

Para:

F. Walter Warnke e F. Ildefonso, mestres e sábios, a quem devo em grande parte minhas pretensões científicas.

SUMÁRIO

Prefácio,

1. INTRODUÇÃO AO ENSINO DA METODOLOGIA DA CIÊNCIA, 13
   1.1. Considerações introdutórias, 13
   1.2. Particularidades das ciências humanas e sociais, 15
   1.3. O que é metodologia?, 19
   1.4. O que é pesquisa?, 22

2. A CONSTRUÇÃO CIENTÍFICA, 29
   2.1. Observações iniciais, 29
   2.2. Demarcação científica, 30
   2.3. Os limites da demarcação científica, 42
   2.4. O objeto construído, 45
   2.5. Os passos do trabalho científico, 48

3. ALGUNS PRESSUPOSTOS METODOLÓGICOS, 52
   3.1. Os princípios da construção da ciência, 52
   3.2. Regularidade da realidade, 53
   3.3. Condicionamentos sociais, 57
   3.4. Estrutura e história, 60
   3.5. Ciência da realidade, 62

4. CIÊNCIA E IDEOLOGIA, 66
   4.1. A ideologia e a neutralidade, 66
   4.2. O que é ideologia, 67
   4.3. Objetividade e neutralidade, 71
   4.4. A ciência é uma utopia, 75

5. TEORIA E PRÁTICA, 77
   5.1. Observações iniciais, 77
   5.2. A importância da prática, 77
   5.3. A posição social do cientista, 82

6. ELEMENTOS DA METODOLOGIA DIALÉTICA, 85
   6.1. Observações introdutórias, 85

6.2. Pressupostos iniciais, 86
6.3. Dialética e estrutura, 90
6.4. Dialética marxista, 93
6.5. Ciências sociais e dialética, 98

7. OUTRAS METODOLOGIAS IMPORTANTES, 101

7.1. Notas iniciais, 101
7.2. Empirismo e positivismo, 102
7.3. Estruturalismo, 106
7.4. Sistemismo, 109

8. ALGUNS EXERCÍCIOS METODOLÓGICOS, 113

8.1. Algumas linhas, 114
8.2. Algumas exemplificações, 116

Prefácio

Este trabalho é uma apresentação simplificada de *Metodologia Científica em Ciências Sociais.*[1] Pensou-se numa simplificação, porque o trabalho de 1980 foi elaborado com certa abrangência e profundidade, nem sempre acessíveis a iniciantes.

A finalidade aqui perseguida é de servir como introdução à metodologia científica, na área de ciências sociais e humanas. Adotamos a ótica preferencial da sociologia do conhecimento, sem que disto decorra qualquer intenção de secundarizar os componentes básicos da teoria do conhecimento, como vistos na epistemologia. Por isso mesmo, não supomos que esta ótica substitui as outras. Ao contrário, o bom estudo faz-se pela tomada de contato com o maior número de posturas possíveis, a fim de permitir ao estudante opções metodológicas.

O último capítulo foi produzido como sugestão de exercícios metodológicos, com vistas a reduzir o caráter geralmente árido e teorizante das discussões metodológicas, bem como a levar a preocupação metodológica para esferas práticas de aplicação e de produção científica. O estudante leva para a vida sobretudo o que produziu pelas próprias mãos, não tanto o que apenas escutou. A idéia foi colaborar para que se consiga motivar o estudante a trabalhar com autonomia e iniciativa.

Defendemos certo tipo de metodologia que imaginamos crítico e autocrítico, partindo da idéia de que um dos fenômenos mais lamentáveis em ciência é a produção de discípulos, mais vocacionados a seguir um mestre ou a enquadrar-se dentro de uma escola do que a construir com originalidade e inteligência novas alternativas científicas. Sobretudo em ciências sociais tal postura é essencial, porque tende, mais que as outras, a curvar-se a dogmatismos ideológicos, dentro dos quais o tempo é gasto principalmente em projetos falidos de autodefesa. Onde campeia o argumento de autoridade, acabamos sem autoridade e, sobretudo, sem argumento.

Dentro deste espírito, este trabalho não é mais que uma proposta de discussão que se faz com a expectativa de contribuir para a formação de posturas criativas, originais e produtivas dentro da ciência.

Brasília, UnB, Julho de 1982.

---

1. Também editado pela Atlas, 1.ª edição em 1980.

1
INTRODUÇÃO AO ENSINO DA METODOLOGIA DA CIÊNCIA

1.1. CONSIDERAÇÕES INTRODUTÓRIAS

Não nos referimos aqui às ciências ditas exatas e naturais. O que se julga válido para estas também é válido, pelo menos em parte, para as outras, ditas ciências humanas e sociais. Todavia, constituem um espaço também próprio de construção científica.[1]

Tudo isto é polêmico e aí já começam divergências, que é preferível enfrentar, a camuflar. Talvez prevaleça, na prática, a crença de que deve valer para qualquer objeto científico o mesmo método, a saber, o método típico das ciências exatas e naturais. No outro extremo, estão os que acham ser o fenômeno humano tão *sui generis* que necessita de método próprio, totalmente diferente do outro.

Vamos defender aqui uma posição intermediária. Muito do que se diz dos objetos naturais vale igualmente para os objetos humanos. Regras lógicas do conhecimento, por exemplo, são as mesmas, como é a mesma a matemática para "gregos e troianos". No entanto, justifica-se uma metodologia relativamente específica para as ciências humanas, porque o fenômeno humano possui componentes irredutíveis às características da realidade exata e natural. Assim, ao lado de coisas comuns, que permitem ampla permeabilização entre ambas as esferas, há coisas próprias e, no fundo, típicas. Podem estas coisas ser também aplicadas à esfera contrária, desde que com a consciência de ser adaptação proveitosa, não substituição ou imitação pura e simples.[2]

As ciências humanas não são unitárias. O grupo interno mais delineado é o chamado *ciências sociais*, que tem como traço mais próprio a visão metodológica de que seu objeto é socialmente condicionado,

---

1. P. Demo, *Metodologia Científica em Ciências Sociais* (Atlas, 1980); J. Piaget, *A Situação das Ciências do Homem no Sistema das Ciências* (Livraria Bertrand, 1970). P. Lazarsfeld, *A Sociologia* (Livraria Bertrand, 1970).
2. H. Marcuse, "Zum Problem der Dialektik", in: *Die Gesellschaft*, 7, v. I, 1930.

ou seja, torna-se incompreensível fora do contexto da inter-relação social. Algumas ciências sociais dizem-se *aplicadas,* porque se voltam mais para a aplicação prática de teorias sociais, tais como: direito, administração, contabilidade, serviço social etc. As ciências sociais mais clássicas, entretanto, são aquelas geralmente com maior densidade teórica: sociologia, economia, psicologia, educação, antropologia, etnologia, e também história.

Um grupo importante, embora menos delineado, é aquele formado pela dita *comunicação* e *expressão,* incluindo as letras sobretudo. Com o desdobramento da lingüística moderna, esta parte foi intensamente submetida a tratamento imitativo das ciências naturais, em muitos casos com grandes avanços. Outro grupo são as *artes,* ainda mais disperso, onde encontramos o estudo de todas as manifestações artísticas imagináveis, como a música, o teatro, as artes plásticas etc.

Pertence ao quadro das ciências humanas também a *filosofia,* tratada hoje de maneiras muito contraditórias na universidade. Em alguns lugares é somente tolerada ou usada como propedêutica geral, não passando de erudição particular ou iniciação reflexiva. Em outros, pode aparecer como esfera própria, sobretudo como teoria do conhecimento.

Ademais, existem outras esferas mais vagas ou no limite, tais como: jornalismo, arquitetura, planejamento urbano, geografia etc.

Para não nos perdermos excessivamente neste matagal, nossas considerações orientam-se fundamentalmente pela ótica das ditas ciências sociais, sem que devam, com isto, ser elevadas a modelo para as ciências humanas. São apenas a referência principal.[3]

Algumas esferas admitem a permeabilidade das ciências sociais em maior ou menor grau. Por exemplo, há quem entenda arquitetura menos como discussão estética da ocupação do espaço urbano do que sobretudo como distribuição social dele, entrando profundamente na sociologia e na economia. Parte da medicina, por vezes chamada de medicina pública ou social, leva em conta seriamente as questões sociais de seu acesso, bem como os condicionamentos psicológicos dos doentes. A geografia tende a adjetivar-se como econômica ou social, porque geralmente reluta em ser somente uma descritiva espacial.

Por outro lado, há o contrário. Ciências humanas há que admitem maior ou menor permeabilização das ciências exatas e naturais. Por exemplo, a economia fez grande esforço de absorção das técnicas

---

3. M. Thiollent, *Crítica Metodológica, Investigação Social e Enquete Operária* (Polis, 1980); C. Capalbo, *Metodologia das Ciências Sociais — A fenomenologia de Alfred Schultz* (Antares, 1979); L. Goldmann, *Dialética e Ciências Humanas I e II* (Presença, 1973); F. Kaufmann, *Metodologia das Ciências Sociais* (Francisco Alves, 1977); A. V. Pinto, *Ciência e Existência* (Paz e Terra, 1969); S. Bagú, *Tiempo, Realidad Social y Conocimiento* (Siglo 21, 1973).

de mensuração estatística e desenvolveu a econometria. A lingüística absorveu parte importante do tratamento dado a sistemas complexos capazes de manejo computacional. A psicologia é tida em muitos meios como pertencente às ciências da saúde, junto com medicina.

Mas, que teriam as ciências sociais de diferente das outras ciências, exatas e naturais?

1.2. PARTICULARIDADES DAS CIÊNCIAS HUMANAS E SOCIAIS

De partida, é preciso entender que esta discussão não conhece vencedor. Tanto os que defendem não haver particularidades suficientes para justificar método diferente quanto os que defendem o contrário não possuem argumentos cabais. Quer dizer, se os pontos de partida são diversos, os resultados serão igualmente diversos. Não temos como provar cabalmente que o objeto social é intrinsecamente diferente do natural, porque isto suporia um conhecimento profundo de tal ordem de ambas as esferas, que é fácil demais desconfiar que não o temos de forma satisfatória.[4]

Em vista disto, e por outras razões que aduziremos mais tarde, vamos assumir um ponto de partida, pelo motivo simples de que não partimos sem ponto. É tão-somente uma hipótese de trabalho, que, embora não se conseguindo comprovar com rigor, podemos apoiar relativamente. Neste sentido, vamos buscar algumas linhas de reflexão que permitiriam aceitar diferenças irredutíveis entre as esferas científicas em questão.

Num primeiro momento, podemos aduzir que o objeto das ciências sociais é histórico, enquanto o outro é no máximo cronológico. Ser histórico significa caracterizar-se pela situação de "estar", não de "ser". A provisoriedade processual é a marca básica da história, significando que as coisas nunca "são" definitivamente, mas "estão" em passagem, em transição. Trata-se do "vir-a-ser", do processo inacabado e inacabável, que admite sempre aperfeiçoamentos e superações. Ao lado de componentes funcionais, que podem transmitir uma face de relativa harmonia e institucionalização, predominam os conflituosos, através dos quais as realidades estão em contínua fermentação.

Realidades físicas são cronológicas, no sentido de que padecem desgaste temporal, mas isto não as acomete de forma intrínseca, já que a identidade se dá na estabilidade. Realidades históricas têm sua identidade não na estabilidade, mas nas formas variáveis de sua transição. São fásicas. Todas morrem. Aí está uma grande diferença entre seres vivos e não vivos, orgânicos e inorgânicos. Realidades

---

4. H. Albert, *Tratado da Razão Crítica* (Tempo Brasileiro, 1976).

históricas, de modo geral, nascem, crescem, amadurecem, envelhecem e morrem. Não acontece isto com uma pedra.[5]

Num segundo momento, podemos aduzir o fenômeno particular da *consciência histórica*. Por mais que a moderna psicologia tenha descoberto que a consciência é menos importante que a inconsciência, porque nossas motivações comportamentais são mais decisivas na segunda instância, isto apenas teve como resultado colocar as coisas, digamos, em seu devido lugar. Não se trata, pois, de supervalorizar o nível da consciência, ou de voltar ao arcaísmo de que a história é feita por nós, pelas nossas intenções e vontades, pelas nossas ideologias e decisões, pela nossa subjetividade e assim por diante.

Fazemos história, sem dúvida, mas em condições dadas, que geralmente são mais fortes que nossas idéias. Mas isto não retira o traço profundo de que podemos ter consciência histórica de nossos condicionamentos. O fato de que a história não somente acontece, mas em parte pode ser "feita" acontecer, pode ser relativamente *planejada*, pode-se intervir nela com maior ou menor êxito, mostra que se trata de realidades muito diversas. As realidades materiais não têm consciência de si mesmas. Por mais que possamos mostrar que a "vontade própria" é menor do que imaginamos, desde que exista, já constitui uma diferença capital.[6]

Num terceiro momento, podemos aduzir a *identidade entre sujeito e objeto*, pelo menos em última instância. Quando estudamos a sociedade, em última instância estudamos a nós mesmos, ou coisas que nos dizem respeito socialmente. É por isto diferente de estudar um cristal que colocamos debaixo de um microscópio. Não existe identidade entre nós e o cristal. Mas certamente existem identidades entre nós e pessoas consideradas psicologicamente anormais, ou um grupo humano urbanizado, ou a população de baixa renda etc. Pelo menos posso, a título de exercício, colocar-me no lugar do objeto. Ou, dito de outra maneira, nenhum objeto pode ser totalmente estranho e exterior, porquanto é possível imaginá-lo como parte nossa, em outras circunstâncias.

Tal identidade não precisa ser confusão ou excessivo envolvimento. O cientista é precisamente treinado a evitar tais excessos. Em todo o caso, o mínimo que se pode dizer é que tal envolvimento pode ser maior no caso dos objetos sociais.

Num quarto momento, podemos aduzir o fato de que realidades sociais se manifestam de formas mais *qualitativas* do que quantitativas, dificultando procedimentos de manipulação exata. Por exemplo,

---

5. A Gramsci, *Concepção Dialética da História* (Civilização Brasileira, 1978); A. Schaff, *História e Verdade* (Martins Fontes, 1978); L. Althusser e outros, *Dialética e Ciências Sociais* (Zahar, 1967); A. Abdel-Malek, *A Dialética Social* (Paz e Terra, 1975); G. Lukács, *História e Consciência de Classe* (Escorpião, 1974).

6. G. Lukács, *História e Consciência de Classe*, op. cit; G. G. Granger, *Pensamento Formal e Ciência do Homem*, I e II (Presença, 1976).

a idéia de democracia é um fenômeno de contornos voláteis que não sabemos bem quando surgiu, qual é o seu "tamanho" hoje; por vezes achamos que diminuiu, outras que aumentou e até desapareceu. É diferente da molécula da água, na qual é possível indigitar com maior precisão sua constituição interna, invariável no espaço e no tempo.

A percepção da qualidade não deve ser desculpa para falta de rigor na análise, como se nas ciências sociais valesse a reflexão solta, confusa e mesmo disparatada. Pelo contrário, será um desafio a mais para apresentarmos construções científicas ainda mais cuidadosas. De todos os modos, a mensuração não pode ser critério fatal, já que, se assim fosse, ficaríamos somente com o "mensurável" e, ao mesmo tempo, talvez com o que há de menos interessante no fenômeno. Pelo fato de não sabermos medir diretamente democracia, isto não a faz, de forma alguma, menos relevante.

Num quinto momento, podemos aduzir aquilo que julgamos ser a diferença mais profunda, ou seja, o carater *ideológico* das ciências sociais. A ideologia acomete qualquer ciência, também as naturais, mas aqui de forma extrínseca, a saber, no possível uso que se faz delas. Seu objeto não é ideológico em si. O objeto, porém, das ciências sociais é intrinsecamente ideológico, porque a ideologia está alojada em seu interior, inevitavelmente. Faz parte intrínseca do objeto.

Ideologia significa, para nós, o modo como *justificamos* nossas posições políticas, nossos interesses sociais, nossos privilégios dentro da estratificação da sociedade, e assim por diante. Trata-se de um fenômeno de justificação, de conteúdo predominantemente político, mais do que de argumentação, entendendo-se este como o esforço de colocar a realidade assim como ela é. Argumentar é fundamentar com o máximo de objetividade possível, tendo como padrão de comportamento científico a fidelidade aos fatos. Justificar é defender uma posição, por mais que se use de artifícios científicos. A finalidade básica, embora geralmente escondida, é convencer, é influenciar, é envolver.

Não parece haver ideologia numa molécula da água. Não obstante, pode-se fazer uso ideológico da física. A teoria atômica não é culpada, em si, pela bomba atômica. Embora em termos práticos as coisas não se separem assim, porque, se a realidade é que conta e se esta sempre aparece ideologizada, a física emerge, já como um projeto ideológico. Não é acaso o fato de que seja mais usada para a destruição, para a comercialização exploradora, para a agressão humana e ecológica, do que para a paz e a convivência; mostra que não existe física em si, na pura teoria, mas feita em contexto histórico específico e com sua marca própria.

Todavia, é importante fazermos a distinção teórica e sabendo que é teórica, para não confundirmos os níveis: a ideologia na física

17

é um fenômeno extrínseco, enquanto na democracia, por exemplo, é intrínseco. É tão falso não vermos ideologia nas ciências naturais, quanto não reconhecermos a diferença entre ideologia intrínseca e extrínseca.

Enquanto o cientista natural pode abstrair, pelo menos teoricamente, do uso que se pode fazer do conhecimento gerado, o cientista social que se coloque tal pretensão já nisto é ideológico, porquanto faz parte de suas ideologias mais baratas a pretensão de não ser ideólogo. Aí temos um condicionamento fundamental das ciências sociais: a inevitável convivência com a ideologia; não nos propomos eliminá-la — seria ingenuidade ideológica —, mas controlá-la criticamente. As ciências sociais serão científicas, se nelas predominarem os traços reconhecidos como científicos; não serão científicas caso predomine a intenção ideológica ou se fizerem a ilusão de isenção ideológica.

Todas as possíveis técnicas de mensuração da realidade não podem colocar-se com a pretensão de superar sua constituição ideológica interna, mas com o propósito de salvaguardar, sempre mais, as condições favoráveis de manipulação mais objetiva. Não se ganha nada apenas imitando as ciências naturais; muito menos vale a pena "naturalizar" as ciências sociais. Ganha-se, contudo, muito, se soubermos aproveitar criticamente condutas das ciências naturais e vice-versa.

Finalmente, num sexto momento, podemos aduzir, à sombra da última característica, a imbricação com a *prática,* para além da teoria. No caso das ciências naturais a questão da prática é extrínseca, porque aparece no uso que se faz do conhecimento, não no próprio conhecimento. Se entendemos bem o significado de ideologia e sua presença interna no conhecimento social, torna-se conclusão conseqüente o reconhecimento da prática como traço intrínseco.

Um químico pode estudar a composição interna de uma molécula apenas para saber, para acumular conhecimento. Um sociólogo não consegue fazer isto, porque seu distanciamento para com a prática é apenas uma prática alienada. A omissão já é uma opção política, assim como o não-alinhamento é uma forma de alinhar-se.

Não se há de confundir teoria e prática, como veremos melhor adiante. Mas, ao tratarmos problemas sociais, não tratamos só de como pensamos a vida, mas sobretudo de como vivemos concretamente. As ciências sociais refletem profundamente o roteiro histórico prático que vivemos através dos espaços e dos tempos. Por exemplo, entende-se facilmente que o mundo desenvolvido prefira metodologias mais conservadoras de explicação da realidade, porque convém à posição de quem é privilegiado no contexto sócio-econômico e político, bem como se entende que o Terceiro Mundo aprecie metodologias mais contestadoras, porque o interesse em superar fases adversas pode predominar. As respectivas práticas históricas condicionam o modo de fazer ciência.

Tomando alguns exemplos possíveis, é incoerente para o sociólogo propor a revolução somente na teoria, para o psicólogo propor uma definição de normalidade psíquica que nada tenha a ver com a realidade, ou para o economista propor uma teoria do mercado que não seja o mercado real que vige na prática. O cientista social pode ser alienado, seja porque não percebe sua inevitável ilação com a prática, seja porque a nega explicitamente, seja porque procura descrever a toria como ação suficiente, seja porque teme ser colocado em cheque na prática etc. Mas isto não obscurece seu envolvimento prático, mesmo na pretensa omissão.

O cientista natural tem seu envolvimento inevitável como cidadão que é; mas isto não faz parte intrínseca de seu objeto de estudo, embora faça parte extrínseca. Políticos somos todos nós, pelo simples fato de ocuparmos uma posição qualquer na sociedade, dominante ou dominada. Não precisa ser posição partidária. O cientista social tem tal imbricação no próprio objeto de estudo, com o qual em última instância se identifica.

1.3. O QUE É METODOLOGIA?

Metodologia é uma preocupação instrumental. Trata das formas de se fazer ciência. Cuida dos procedimentos, das ferramentas, dos caminhos. A finalidade da ciência é tratar a realidade teórica e praticamente. Para atingirmos tal finalidade, colocam-se vários caminhos. Disto trata a metodologia.

É um erro superestimar a metodologia, no sentido de cuidar mais dela do que de fazer ciência. O mais importante é chegarmos onde nos propomos chegar, ou seja, a fazer ciência. A pergunta pelos meios de como chegar lá é essencial também, mas é especificamente instrumental. Somente o metodólogo profissional faz dela sua razão de ser, principalmente o filósofo da teoria do conhecimento. Mas, para o cientista em geral, é apenas disciplina auxiliar.

Este reparo não deve ser interpretado como secundarização. Apenas buscamos colocar as coisas nos seus lugares. Mas, uma vez dito isto, é essencial entendermos a importância da metodologia para a formação do cientista. É condição fundamental de seu amadurecimento como personalidade científica. Trava-se aí a decisão do tipo de cientista que prefere ser, à medida que segue um método específico, acima das imitações. Promove o espírito crítico, capaz de realizar a autoconsciência do trajeto feito e por fazer. Delimita sua criatividade e sua potencialidade no espaço de trabalho.

A ciência propõe-se a captar e manipular a realidade assim como ela é. A metodologia desenvolve a preocupação em torno de como chegar a isto. É importante percebermos que a idéia que fazemos da realidade de certa maneira precede a idéia de como tratá-la. Nisto fica clara sua posição instrumental, porquanto está a serviço da captação da realidade. Se não temos idéia da realidade, sequer coloca-se a questão da captação.

A realidade já foi manipulada de inúmeras maneiras na história. Antigamente, os índios pretendiam captar a realidade através dos mitos. Nós achamos que tal explicação é mítica, porque a comparamos com as nossas e achamos estas como superiores. Para eles, porém, não se tratava de mitos, mas pura e simplesmente de explicação objetiva da realidade. Quando o índio interpreta que seu deus está irado e por isto fez chover com estrondos e raios, fala sério e, em sua mente, propõe uma explicação de por que chove.

Posteriormente a função mítica foi superada em parte pela religião, que também trouxe sua explicação da realidade. Assim, quando na bíblia se montou uma história da criação do mundo e do surgimento do mal, não se pensou em fazer uma alegoria, um conto interessante, ou qualquer outra coisa, mas certamente em dar uma explicação de como começou o mundo, o homem e o mal.

O que chamamos de ciência, de certa forma, quer substituir as explicações acima, porque não acredita nem em mitos, nem em religião, como formas de explicação. Chove, não por razões míticas, ou religiosas, mas naturais. Quer dizer, a ciência entende-se como processo de desmitologização e dessacralização do mundo, em favor da racionalidade natural, supondo-se uma ordem das coisas dada e mantida.

Todavia, dentro da ciência, sempre houve esferas mais devassadas por crenças míticas. Alguém adepto das ciências naturais, e que julga errôneo ver nos objetos sociais particularidades irredutíveis, certamente imagina arcaica a pretensão de visualizar em fenômenos ditos sociais especificidades diversas dos naturais. A própria idéia de que as ciências sociais seriam inevitavelmente ideológicas pode interpretar-se como recaída em laivos míticos, porquanto, pesquisando-se um cérebro humano em sua base orgânica, não encontramos aí nenhuma idéia, nenhuma ideologia, nenhuma expectativa, mas apenas massa física.

Quem é o crédulo? Aquele que faz da ciência sua nova religião ou aquele que imagina não podermos libertar-nos de todo da ideologia? Provavelmente, os dois. E será praticamente impossível garantir quem seria preferível. Preferimos nós o segundo, porque, se aí existe ingenuidade, é pelo menos criticamente assumida.

Ademais, a racionalidade que a ciência gostaria de fundar é

também um conceito ideológico, porquanto não pode ser definida fora de um contexto social dado. Se a definirmos como a escolha dos meios mais aptos para atingirmos os fins, está claro que, ao não discutirmos os fins, apenas deslocamos a questão. O homem perfeitamente racional seria um robô, e já não saberíamos qual a pior neurose: se aquela que achamos irracional ou esta da total racionalidade. Há outras culturas que valorizam mais componentes míticos, estéticos, parapsicológicos etc. Nada haveria de surpreendente, se daqui a alguns séculos nossos sucessores na história venham a nos julgar irracionais, porque acreditávamos em coisas tão frágeis e mal arrumadas como aquelas que chamamos agora de ciência. O esforço que a ciência faz para vender-se como proposta racional é muito mais técnica de convencimento do que característica intrínseca.

Em ciências sociais, manipulamos geralmente uma gama variada e historicamente contextuada de metodologias. Podemos destacar, entre outras, o *empirismo,* que imagina encontrar a cientificidade no cuidado com a observação e com o trato da base experimental; o *positivismo,* que aparece em várias versões, desde sugestões do tipo de Comte, misturadas com religião, até aquela chamada de positivismo lógico, girando em torno das características lógicas do conhecimento ou do positivismo de Popper e Albert, muito crítico e influenciado pela discussão com a dialética e que vê na neutralidade científica uma opção possível entre outras; o *estruturalismo,* que revive profundamente a crença ocidental científica da ordem interna das coisas e das invariantes explicativas; o *funcionalismo,* muito ligado a faces mais sociais da realidade e empenhado na explicação dos lados mais consensuais dela; o *sistemismo,* à sombra da moderna teoria dos sistemas, comprometido com a sobrevivência dos sistemas e com o manejo dos conflitos; a *dialética,* que se faz a expectativa de ser a metodologia específica das ciências sociais, porque vê na história não somente o fluxo das coisas, mas igualmente a principal origem explicativa.[7]

Neste trabalho, não passaremos em revista cada uma delas, em particular. Acentuaremos as características da dialética, em contraposição às outras, assumindo o compromisso de manter espírito crítico principalmente com respeito à dialética. Tratando-se apenas de uma introdução à metodologia, centraremos nossa atenção sobre questões iniciais e propedêuticas que preocupam a quem deseja embrenhar-se na tarefa de construir ciência social.

A metodologia pode ser vista basicamente em duas vertentes mais típicas. A mais usual é aquela derivada da *teoria do conhecimento* e centra-se no esforço de transmitir uma iniciação aos procedimentos lógicos do saber, geralmente voltada para a questão da causalidade, dos princípios formais da identidade, da dedução e da indução, da

---

7. P. Demo, *Metodologia Científica em Ciências Sociais* (Atlas, 1980).

objetividade etc. Outra vertente é aquela filiada à *sociologia do conhecimento*, que acentua mais o débito social da ciência, sem no entanto desprezar a outra. Trata-se apenas de uma acentuação preferencial, e por isto não pode, em hipótese alguma, substituir a outra. Neste sentido, dizemos aqui com toda a clareza possível que este trabalho é uma proposta de discussão do problema metodológico, calcado mais na ótica da sociologia do conhecimento do que na da teoria do conhecimento, e que não levanta a pretensão de ser única e muito menos de desconhecer outras propostas, principalmente aquelas mais ligadas aos procedimentos lógicos e epistemológicos.

O que realmente interessa é a *pesquisa*. Esta é a maior finalidade básica da ciência. A metodologia é somente instrumento para chegarmos lá. Discutimos os caminhos possíveis, os já vigentes, os que poderíamos inventar, os discutíveis, os que já se superaram, e assim por diante. Não vale a pena entreter-se de tal modo com questões metodológicas que não cheguemos a fazer a pesquisa. Assim, mais importante que botar defeito metodológico em tudo é fazer a pesquisa, ou seja, pôr-se à construção das ciências sociais.

Como em tudo na vida, a ciência não é ensinada totalmente, porque não é apenas *técnica*. É igualmente uma *arte*. E na arte vale a máxima: é preciso aprender a técnica, para termos base suficiente; mas não se pode sacrificar a criatividade à técnica; vale precisamente o contrário; o bom artista é aquele que superou os condicionamentos da técnica e voa sozinho. Quem segue excessivamente as técnicas, será por certo medíocre, porquanto onde há demasiada ordem, nada se cria.[8]

É importante mantermos esse alerta. As sugestões metodológicas são importantes à medida que favorecem a criação da pesquisa. Não devem passar à finalidade em si, exceto se for o caso de um metodólogo profissional. A inestimável contribuição da metodologia para a formação científica pode abortar, se tornar-se obsessão de quem apenas constrói caminhos, mas não chega a nada. O cientista criativo é tanto capaz de fazer um trabalho "como manda o figurino", formal, dentro da ordenação prevista, como é capaz de começar pelo fim, de não citar ninguém, de afirmar o contrário do que todo o mundo espera, de buscar espaços ilógicos para a invenção etc.

1.4. O QUE É PESQUISA?

A atividade básica da ciência é a pesquisa. Esta afirmação pode estranhar, porque temos muitas vezes a idéia de que ciência se concentra na atividade de transmitir conhecimento (docência) e de

---

8. P. Feyerabend, *Contra o Método* (Francisco Alves, 1977); D. L. Phillips, *Abandoning Method — Sociological Studies in Methodology* (Jossey-Bass Publishers, 1973).

absorvê-la (discência). Na verdade, tal atividade é subseqüente. Antes existe o fenômeno fundamental da geração do conhecimento.[9]

Pesquisa é a atividade científica pela qual descobrimos a realidade. Partimos do pressuposto de que a realidade não se desvenda na superfície. Não é o que aparenta à primeira vista. Ademais, nossos esquemas explicativos nunca esgotam a realidade, porque esta é mais exuberante que aqueles.

A partir daí, imaginamos que sempre existe o que descobrir na realidade, equivalendo isto a aceitar que a pesquisa é um processo interminável, intrinsecamente processual. É um fenômeno de aproximações sucessivas e nunca esgotado, não uma situação definitiva, diante da qual já não haveria o que descobrir.

Para fins de classificação, distinguimos quatro linhas básicas de pesquisa: a teórica, a metodológica, a empírica e a prática.

a) A *pesquisa teórica* é aquela que monta e desvenda quadros teóricos de referência. Não existe pesquisa puramente teórica, porque já seria mera especulação. Mera especulação é a reflexão aérea subjetiva, à revelia da realidade, algo que um colega cientista não poderia refazer ou controlar.

Não combatemos a especulação, porque a divagação teórica pode ter faces criativas e constituir-se em exercício de reflexão válido. Combatemos somente a especulação pela especulação, que é viver no mundo da lua, como se a realidade fosse um jogo de idéias.

A discussão, por exemplo, de uma definição conceitual — digamos do conceito de mais-valia do marxismo, de normalidade psíquica no freudismo, de racionalidade econômica — é uma forma possível de pesquisa teórica, de grande relevância para a formação científica. Na verdade, sua importância está na formação de *quadros teóricos de referência*, que são contextos essenciais para o pesquisador movimentar-se.

Alguns procedimentos são fundamentais para a formação de um quadro teórico de referência. Um primeiro pode ser o domínio dos clássicos de determinada disciplina. Eles trazem a acumulação já feita de conhecimento, as polêmicas vigentes, a cristalização de certas práticas de investigação, o ambiente atual da discussão em torno do assunto, e assim por diante. O conhecimento criativo dos clássicos — não a mera leitura passiva ou a de discípulo ingênuo — é uma das formas mais comuns de pesquisa teórica.

---

9. A. Kaplan, *A Conduta na Pesquisa — Metodologia para as Ciências do Comportamento* (Herder, 1972); F. N. Kerlinger, *Metodologia da Pesquisa em Ciências Sociais* (EDUSP, 1980): A. Vera. *Metodologia da Pesquisa Científica* (Globo, 1974); V. Kourganoff, *A Pesquisa Científica* (DIFEL, 1961); T. Tripodi e outros, *Análise da Pesquisa Social* (Francisco Alves. 1975); M. Weatherall, *Método Científico* (Polígono, 1970); A. Moles, *A Criação Científica* (Perspectiva, 1971); A. L. Cervo e P. A. Bervian. *Metodologia Científica* (McGraw-Hill, 1973); L. Hegenberg, *Etapas da Investigação Científica* (EDUSP, 1976); J. Galtung, *Teoria y Métodos de la Investigación Social*, 2 v. (Editora da Universidade de Buenos Aires, 1966); W. Goode e P. K. Hatt, *Métodos em Pesquisa Social* (Nacional, 1973).

Outro procedimento é o domínio da bibliografia fundamental, através da qual tomamos conhecimento da produção existente; podemos aceitá-la, rejeitá-la e com ela dialogar criticamente. Sobretudo em ciências sociais a leitura bibliográfica é vital, porque, mais do que resultados já obtidos, temos discussões intermináveis, que só conseguimos acompanhar pela leitura assídua. O domínio dos autores pode ajudar muito a criatividade do cientista, porque através deles chega a saber o que dá certo, o que não deu certo, o que poderia dar certo, e assim por diante.

Outro procedimento é a verve crítica, através da qual instala-se a discussão aberta como caminho básico do crescimento científico. O bom teórico não é tanto quem acumulou erudição teórica, leu muito e sabe citar, mas principalmente quem tem visão crítica da produção científica, com vistas a produzir em si uma personalidade própria, que anda com os próprios pés. É mau teórico quem não passa do discípulo, do colecionador de citações, do repetidor de teorias alheias.

Boa bagagem teórica significa, assim, não somente domínio das teorias mais importantes em sua área de pesquisa, mas principal e essencialmente capacidade teórica própria. Ou seja, personalidade teórica formada, no sentido de dialogar com os outros teóricos, atuais ou clássicos, não como mero aprendiz ou discípulo, mas como alguém que também constrói teoria, tem suas posições teóricas firmadas, enfrenta polêmicas próprias, marca a história da disciplina com contribuições originais.

A falta de quadro teórico de referência traduz imediatamente um traço típico da mediocridade científica, porque a pessoa não dispõe de material de discussão, seja retirado de outros autores, seja proposto por si mesma. O confronto teórico crítico é condição fundamental de aprofundamento da pesquisa para se superar níveis apenas descritivos, repetitivos, dispersivos e apresentar penetrações originais.

A teoria faz mal somente quando se encerra em si mesma e passa a ser um castelo no ar. Pode ser, por exemplo, o caso de alguém que pratica uma docência sem pesquisa. Se pensarmos bem, não se tem nada a ensinar, se não tivermos construído algo através da pesquisa. Não existindo a pesquisa, o professor torna-se um mero repetidor de textos e de idéias dos outros. Conta para os alunos o que leu por aí. Será somente um transmissor de conhecimentos. Não é propriamente um cientista, ou seja, um construtor do saber.

Muitas vezes temos da ciência esta visão estereotipada, quando a entendemos como transmissão de conhecimento alheio. Há universidades que somente fazem isso. Não são, pois, universidades, porque para tanto não as precisamos. Os meios modernos de comunicação transmitem conhecimento, hoje, de forma mais efetiva e atraente.

Inculca-se no estudante, igualmente, a mesma mentalidade, a saber, do receptor passivo que acumula mimeticamente conhecimento alheio. Não sabe descobrir a realidade, somente vê-la com óculos emprestados. A verdadeira tarefa docente é a de transmitir o compromisso com a pesquisa, buscando produzir construtores do saber.

b) A *pesquisa metodológica* não se refere diretamente à realidade, mas aos instrumentos de captação e manipulação dela. Para muitos será estranho imaginar uma pesquisa metodológica, porque não é usual colocar as coisas assim. Cremos, no entanto, que é fundamental estabelecer a importância da construção metodológica, porque não há amadurecimento científico sem amadurecimento metodológico.

Construir ciência é em parte o cultivo de uma atitude típica diante da realidade, da atitude de dúvida, de crítica, de indagação, rodeada de cuidados para não sermos ingênuos, crédulos, apressados. Tudo isto é questão metodológica. Perquirir tais caminhos pode ser devaneio digressivo, especulação desenfreada; mas pode ser condição fundamental para desabrocharmos nossa opção teórica e prática diante da ciência.

A falta de reflexão metodológica traduz também, imediatamente, um tipo de mediocridade científica que é a crença em evidências dadas. A ciência começa precisamente aí, quando não se reconhecem evidências dadas. Problematizar as vias do conhecimento é ir em busca de outras, com vistas a um conhecimento mais realista e profundo.

É muito válido, portanto, dedicar-se à discussão sobre os caminhos seguidos pelos autores para construir suas teorias, contrastando com outros caminhos. No final buscamos a opção própria metodológica que fundamentaria nossa proposta de ciência. Por que dizemos que nosso modo de construir ciência é científico? Por que rejeitamos outros? Como pesquisar? Que métodos existem?

E é precisamente o que fazemos neste trabalho. Não o vemos como teorização aérea, como especulação solta, como sofisticação estranha. Pelo contrário, é profundamente pesquisa, porque é construção de propedêutica da descoberta da realidade.

c) A *pesquisa empírica* é aquela voltada sobretudo para a face experimental e observável dos fenômenos. É aquela que manipula dados, fatos concretos. Procura traduzir os resultados em dimensões mensuráveis. Tende a ser quantitativa, na medida do possível.

Embora o empírico não precise coincidir com o mais relevante na realidade, a pesquisa empírica desempenhou em ciências sociais um papel inestimável, porque trouxe o compromisso com afirmações controláveis, contra especulações perdidas. Não se pode negar que muitas ciências sociais ou, pelo menos, orientações dentro de certas ciências sociais tendem à teorização excessiva, sendo já difícil distinguir da filosofia, em sentido pejorativo.

25

O grande valor da pesquisa empírica é o de trazer a teoria para a realidade concreta. Foi muitas vezes abusada, e não há metodologia mais superficial e medíocre que o empirismo, porque crédulo. Acredita na realidade que observa. Ora, as coisas mais relevantes da realidade não se manifestam à primeira vista e sempre há dimensões refratárias à mensuração. Se levarmos em conta somente o mensurável, ficaremos com o superficial. Mas, se soubermos usar, a dedicação empírica chega a ser um remédio para as ciências sociais.

É igualmente um erro imaginarmos que somente é pesquisa o que se faz empiricamente, como é hábito, sobretudo, nos Estados Unidos. Pesquisador não é apenas quem domina técnicas de computador e sabe muita estatística ou quem acumula tabelas e índices. Não é difícil encontrarmos pesquisadores empíricos perdidos no meio de dados irrelevantes, fazendo testes estatísticos sobre coisas que não tocam problemas cruciais da realidade ou apenas descrevendo fenômenos, sem os explicar.

Não obstante, por causa da pesquisa empírica avançou-se muito na produção de técnicas de coleta e mensuração do dado. Constitui hoje uma parte importante de cada ciência social. São também instrumentos de controle da ideologia.

d) A *pesquisa prática* é aquela que se faz através do teste prático de possíveis idéias ou posições teóricas. Certamente é uma função da prática testar se a teoria é fantasia, especulação ou se é real. Todavia, a prática tem a função mais essencial de representar o lado político das ciências sociais. Aí, a própria omissão é uma prática, porquanto há de significar o favorecimento da situação vigente.

Seja qual for a dimensão visualizada, a prática também é uma forma de descobrir a realidade. Aparece muitas vezes em pessoas que somente sabem pela prática, já que nunca pararam para teorizar, ou sequer saberiam fazer isto de forma explícita. No cientista social é a ocasião de descortinar horizontes que não tinham sido percebidos na teoria ou mesmo surpresas à revelia da teoria.

Freqüentemente dizemos que na prática a teoria é outra. Isto não quer somente dizer que pode sempre haver dissonâncias entre os dois níveis, mas principalmente que um não se faz sem outro. Nada melhor para a teoria do que uma boa prática e vice-versa. Os extremos também são indesejáveis, a saber, o teoricismo que acaba sendo uma fuga da realidade, ou o ativismo que não se contextua teoricamente.

Esta parte geralmente é muito negligenciada na formação científica, porque se dá peso quase exclusivo à dedicação teórica, sobretudo em ciências sociais. Muitas vezes, entendemos por prática somente o estágio de significado profissionalizante. Embora isto também faça parte, prática é sobretudo a tomada de posição explícita, de conteúdo político, diante da realidade.

Tal asserção torna-se mais compreensível, se voltarmos à idéia de que as ciências sociais são intrinsecamente ideológicas, no que se distinguem profundamente das ciências naturais, onde a ideologia aparece extrinsecamente. Se assim é, a prática é conseqüência natural do engajamento ideológico, que todos têm, mesmo a nível de omissão.

Estas quatro formas de pesquisa não podem insinuar um esquema rígido. Têm mais a finalidade de não exclusivizar a pesquisa empírica. Por mais importante que esta seja, não é expressão única de descoberta da realidade. Ademais, chamam a atenção para o fato de que não pode haver docência nem discência efetiva sem o fundamento da pesquisa. Até mesmo a atividade de extensão universitária é condicionada pela pesquisa, embora não decorra dela, como a docência. Não se pode intervir adequadamente numa realidade que não se conhece.

Enfim, perguntamo-nos o que é realidade? Para muitos parece evidente a realidade. Nada mais enganoso. É precisamente o que mais ignoramos. Por isto pesquisamos, já que nunca dominamos a realidade. Quem imagina conhecer adequadamente a realidade, já não tem o que pesquisar, ou melhor, tornou-se dogmático e deixou o espaço da ciência.

Realidade são todas as dimensões que compõem nossa forma de viver e o espaço que a cerca. Em nosso caso, realidades sociais circunscrevem-se às dimensões sociais, tanto àquelas que estão em nós quanto àquelas que nos circundam. Fazem parte delas igualmente nossas ideologias, nossas representações mentais, nossos símbolos, nossas crenças e valores, bem como nosso comportamento externo e os condicionamentos circundantes de ordem social.

Em todas estas dimensões é possível sempre descobrir novos horizontes do conhecimento e da prática. A realidade não é apenas empírica, ou seja, aquela traduzida em dados observáveis. Por vezes é o menos interessante dela.

Cada ciência social dedica-se a uma faceta da realidade. É uma das formas de vê-la. Ao mesmo tempo, não se dedicando a outras facetas, inevitavelmente deturpa a realidade, se perder de vista que é uma faceta entre outras. Ver a realidade apenas psicologicamente é clara deturpação, comum, por exemplo, em psicólogos que não percebem outra coisa no homem senão sexo, ou em economistas que nada mais percebem do que determinações de ordem material, ou em antropólogos que não vêem outra coisa que mitos e ritos.

Cada ciência social estabelece suas relevâncias básicas, através das quais realiza seu modo particular de ver a realidade. Não temos uma regra para garantirmos quantas são as principais relevâncias da realidade. Algumas podem, inclusive, ser apenas convencionais. De todas as formas, cada ciência social imagina estar lidando com algo essencial na realidade. Será tanto mais importante quanto acertar uma dimensão estrutural da realidade, ou seja, uma dimensão que caracteriza a história inteira da humanidade, não uma dimensão tópica, conjuntural, típica apenas de certo momento histórico. Por exemplo, a Sociologia — definida como o tratamento teórico e prático da desigualdade social — possui um objeto estrutural que faz parte do cerne de qualquer sociedade. Outras disciplinas podem ser menos densas, por estudarem objetos de estilo mais tópico, como pode ser o caso das ditas Ciências Contábeis, da Administração, do Serviço Social e que, por isto, acabam buscando sua fundamentação ou na Economia, ou na Sociologia, ou na Psicologia, ou na Antropologia etc.

Se definimos pesquisa como o processo de descoberta científica da realidade, parece claro que existe por trás dela sempre algum projeto mais ou menos explícito de *domínio* do objeto. O conhecimento torna-se facilmente instrumento de dominação, já que, conhecendo adequadamente o objeto, poderíamos manipulá-lo a nosso favor, seja no sentido de produzirmos condições mais favoráveis de existência humana, seja, sobretudo, no sentido de encontrarmos novos instrumentos de consolidação de grupos dominantes. Sem desmerecer a possibilidade de uma ciência por amor à arte, sendo produto também social, não há como isentá-la dos interesses sociais. A ciência não trata qualquer coisa; trata principalmente o que interessa. É sempre também reflexo do poder e das necessidades sociais.

2
A CONSTRUÇÃO CIENTÍFICA

2.1. OBSERVAÇÕES INICIAIS

Trataremos de alguns momentos importantes da construção científica, particularmente da *demarcação científica*, através da qual buscamos alguma forma de definir o que é ciência; do *objeto construído*, que constitui propriamente o resultado da construção científica; do *trabalho científico* como tal, em cima de hipóteses capazes de conduzir seu desdobramento, e assim por diante. São inúmeras e inevitáveis as divergências nesta parte. São inúmeras, porque as ideologias por definição são diversificadas, múltiplas; são inevitáveis, porque as ciências sociais possuem ideologia no seu íntimo.

Não se pode, pois, emitir um conceito tranqüilo de ciência, como se fosse possível partir de algo evidente e inquestionável e chegar a algo também evidente e inquestionável. O que podemos fazer é apresentar uma proposta de definição da ciência, na consciência de que é uma entre outras. Apenas, devemos evitar dois extremos: de um lado o extremo do dogmatismo, que admite coisas indiscutíveis; de outro, o relativismo, que subjetiviza tudo ao nível de veleidades particulares.

Sendo a ciência também um fenômeno histórico, é propriamente um *processo*. O conceito de processo traduz a característica de uma realidade sempre volúvel, mutável, contraditória, nunca acabada, em vir-a-ser. Não há estação final onde este trem poderia parar; não há porto seguro onde este navio ancoraria em definitivo; não há ponto de chegada onde não tivéssemos que partir. Em ciência estamos sempre começando de novo.

É preciso igualmente conceder que o conceito de ciência depende da nossa concepção de realidade. Sequer nos colocaríamos a questão de captar e de tratar a realidade, se não tivéssemos já alguma noção como é. Assim, por exemplo, captar dialeticamente a realidade supõe

29

que a vemos dialeticamente. Por outra é impossível mostrarmos dialeticamente que a realidade é dialética, porque uma supõe a outra.
Isto não precisa coibir o espírito crítico, que percebe a vigência
natural deste círculo vicioso, nem nos condena ao solipsismo, como
se cada visão não pudesse ver além de si mesma. Embora toda visão
tenda a centrar-se em si mesma, isto não é necessário. Fazer ciência
social é em parte aprender a compreender outras visões e admitir
a própria como preferencial, não porque não tenha defeitos, mas
porque imaginamos menos defeituosa.

Assim, está por trás de nossas conceituações de ciência uma
respectiva visão de mundo que vai ficando visível nas entrelinhas
deste trabalho. Pode ser isto um exercício metodológico fundamental:
acertar a visão de mundo subjacente às propostas aqui elaboradas.[1]

2.2. A DEMARCAÇÃO CIENTÍFICA

Entendemos por demarcação científica o esforço de separar o
que é e o que não é científico. As demarcações científicas são relativas
às concepções de realidade e não podem reclamar exclusividade.
Além do mais, nunca encerram a discussão, como mostraremos adiante.

Talvez seja mais fácil começar por aquilo que imaginamos não
ser científico. Não é ciência o que chamamos de *senso comum*, a forma
comum de conhecermos a realidade, sobretudo através da experiência
imediata. Temos uma noção das coisas que nos cercam, bem como
daquilo que nos constitui. Existe uma maneira de tratar doenças que
é típica do senso comum. A dona-de-casa também percebe o problema
da inflação, porque nota que os preços sobem contínua e aparentemente sem razão. Ao tentar explicar as razões do aumento de preços,
pode aventar coisas inteligentes, ao lado de outras imediatistas.[2]

O que marca o senso comum é ele ser um conhecimento acrítico,
imediatista, crédulo. Não possui sofisticação. Não problematiza a
relação sujeito/objeto. Acredita no que vê. Não distingue entre fenômeno e essência, entre o que aparece na superfície e o que existe
por baixo. Ao mesmo tempo, assume informações de terceiros sem
as criticar.

É preciso ver que o senso comum nos cerca por toda a parte.
Também o cientista pratica senso comum, porque não é especializado
em tudo. Temos da vida em geral uma noção de senso comum e
acreditamos normalmente nas informações vindas de outras fontes.
Podemos acreditar, por exemplo, que é perigoso viajar de avião, porquanto é algo surpreendente voar e se cair, dificilmente alguém se

---

1. P. Demo, *Metodologia Científica em Ciências Sociais* (Atlas, 1980); G. Bachelard, *O Novo Espírito Científico* (Tempo Brasileiro, 1968); Idem, *El Compromisso Racionalista* (Siglo 21, 1972); G. Cangui- lhem, "Sobre uma Epistemologia Concordatária", in: *Tempo Brasileiro*, 28 (Epistemologia).
2. J. Bronowski, *O Senso Comum da Ciência* (EDUSP, 1977).

salva. É uma informação comum, transmitida sem maiores cuidados. Um engenheiro pode achar que este tipo de conhecimento é totalmente inadequado, porque o avião é o meio mais seguro de transporte e fundamenta isto tanto na qualidade técnica dos aparelhos quanto nas estatísticas. Do ponto de vista dito científico, talvez o engenheiro nos quisesse convencer de que é mais seguro viajar de avião do que andar a pé pelas ruas.

Existe a expressão *bom senso* que traduz uma faceta muito positiva do senso comum. Usa-se para designar a capacidade de encontrar soluções adequadas em momentos inesperados e sobretudo quando não dispomos da necessária especialização ou informação. É a habilidade de conviver criativamente com as situações da vida, mesmo não sendo cientista. Assim, o que se espera de um presidente da república não é tanto conhecimento especializado de política (neste caso deveria ser um doutor em política!), mas a necessária sensibilidade para conduzir um fenômeno tão complexo como é um país. Muitos cientistas sabem tratar de forma especializada a realidade, mas não têm bom senso, porque não sabem conviver criativamente com os problemas, "quebram os pratos" com muita facilidade, exacerbam as dificuldades e inventam outras, e assim por diante.

Neste sentido, o senso comum é a dose comum de conhecimentos, da qual dispomos para nossas necessidades rotineiras. Por mais que seja crédulo, é componente essencial das condições de existência.

Educamos nossos filhos sem sermos pedagogos profissionais. E mais que isto: nem sempre os pedagogos são melhores educadores, assim como filhos de psicólogos não são necessariamente mais equilibrados que os filhos comuns. Andamos de automóvel sem sermos mecânicos, bem como moramos numa casa sem entendermos de engenharia de construções.

O senso comum é forma válida de conhecimento também. Hoje acentuamos freqüentemente o "saber popular", baseado fundamentalmente no senso comum. O povo também tem cultura, no sentido de que sabe dizer o que para ele é belo, importante, simbólico etc. Não possui a cultura da elite, por definição sofisticada e muitas vezes rebuscada através de conhecimento científico. Há música popular, feita por pessoa que nunca viu em sua vida teoria musical. Existe arte no artesanato, na literatura de cordel, na culinária, e assim por diante. Pelo fato de não ser sofisticada, não é menos importante.

Isto não deve encobrir as formas crédulas de conhecimento do senso comum, que normalmente são mais ressaltadas. Há crendices, extremas ingenuidades, superstições soltas. No limite, trata-se de ignorância. Todavia, o senso comum, menos que ser falta de conhecimento, é uma forma própria dele.

Por outro, não é ciência a *ideologia,* entendida aqui preferentemente como justificação de posições sociais. Dizíamos que a ideologia aninha-se intrinsecamente na ciência social, o que já supõe não fazermos uma separação estanque entre ciência e ideologia. No que chamamos de científico deve predominar a ciência, mas jamais existe um tratamento exclusivamente científico do objeto. Mais que argumentar, ou seja, descobrir a realidade assim como ela é, a ideologia volta-se para a justificação política de posições sociais, correspondendo ao débito social da ciência.

A ideologia, ao contrário do senso comum, pode ser muito sofisticada; por isto, é geralmente produzida por pessoas versadas intelectualmente, que podem investir na elaboração de uma ideologia extrema erudição teórica e informação factual. Por exemplo, a ideologia nazista, que prega a superioridade da raça ariana sobre outras, não se apresenta com a ingenuidade de uma afirmação singela. Pelo contrário, buscou enfeitar-se de todos os elementos da erudição acadêmica, até mesmo para conseguir com isto maior credibilidade.

O caráter possivelmente sofisticado da ideologia é buscado geralmente no uso que faz da ciência para seus fins. É muito comum revestir a ideologia com teorias pretenciosas, com dados fartos, com bases computacionais, com vistas a aumentar a credibilidade, já que a comunidade propende a acreditar naquilo que aparece com a face científica. Assim é que uma besteira econômica, montada dentro de um quadro econométrico sofisticado e usando uma linguagem bem hermética, tem muita chance de ser aceita como posição incontestável.

Pertence à sagacidade clássica da ideologia esconder-se atrás da linguagem científica, precisamente porque tal linguagem alcançou em nossa sociedade o valor de um mito indiscutível. A ciência não produz tanta certeza. É por definição um fenômeno questionável. Mas isto é precisamente ideologia, a saber, produzir a aura de inquestionável, para realizar a justificação mais convincente possível. Interessa demais à ciência obter dos que se dizem cientistas e também do povo em geral a confiança relativa a uma atividade que não se deveria colocar em questão, dada a pretensa integridade de seus construtores. Nisto já se vê o quanto a ideologia pervade o corpo científico em ciências sociais, porque na verdade é doloroso reconhecer-se falível e criticável. Por mais que o cientista social aceite isto racionalmente e até com modéstia, a propensão natural de quem faz ciência é desejar o auditório cativo, que acredite e aplauda. A atitude mais natural não será a de oferecer-se à crítica, dentro da discussão mais aberta possível, mas de evitá-la ou de provocá-la em seu favor.

O fenômeno ideológico precisa ser entendido à sombra da questão do poder e da desigualdade social. Se admitimos que as ciências sociais possuem um débito social, ao lado de serem também uma dimensão epistemológica, isto significa mais precisamente que se constroem no contexto do poder e da desigualdade. O fenômeno do poder distingue-se, entre outras coisas, pela característica de fugir à contestação, a fim de legitimar-se sem oposição. É essencial ao poder construir a crença em sua legitimidade, como situação normal e desejável, para que não surja movimento contrário, interessado em mudar as regras de jogo. O papel da ideologia é fundamentalmente de encobrir a tendência opressora do poder, vendendo-a como situação normal e desejável. Neste sentido, a ideologia é o disfarce inteligente do poder, que usa de todas as justificações possíveis, já conhecidas na história. Justificar a situação vigente, os privilégios obtidos, a obtenção de outros, os valores dominantes, tudo isto é função primordial e mais típica da ideologia. Não é somente representação mental, porque isto não a distingue de um mito, de um símbolo, de uma idéia. É representação mental com vistas à justificação de posições vantajosas.

As ciências sociais são construídas de modo geral não pelos desiguais, mas por pessoas beneficiárias do sistema, até mesmo porque conseguiram alcançar a formação superior. Muito naturalmente os cientistas sociais — que não são anjos, mas gente interesseira como qualquer cristão — propendem a embutir no conhecimento científico sua própria justificação. É fácil demais mostrar que a universidade corresponde muito mais aos interesses dos beneficiários do sistema do que aos marginalizados. Extremando as coisas, produzem-se todas as ideologias encomendadas à troca dos respectivos privilégios.

A ciência não pode ser entendida apenas como combate à ideologia, na busca de sua eliminação. Aliás, tal isenção ideológica seria apenas a próxima ideologia, sob a forma de uma estratégia de convencimento. O que a ciência pode pretender é a convivência crítica com a ideologia, seu controle relativo, seu enfrentamento sem disfarces. Assim tomada, a ideologia pode até ser uma bela inspiração ou pelo menos atraente motivação.

Ademais, a ideologia igualmente contém senso comum, de tal forma que não podemos postular regiões estanques. O que postulamos é a predominância de certo conteúdo em certa região. A ciência contém senso comum, bem como ideologia, e esta contém aquele e vice-versa. No fundo, trata-se de algo típico de qualquer conceito social; temos razoável certeza de seu miolo, mas não sabemos bem onde começa e onde acaba.

Enfim, se conseguimos alguma delimitação daquilo que ronda a ciência, mas não é ciência, poderíamos fazer o esforço por cercar aquilo que poderíamos qualificar de científico. Para começarmos esta discussão interminável por definição, poderíamos vislumbrar o que se faz na universidade, ou o que faz um professor, ou mais propriamente um cientista, para que acreditemos que sua ação se qualifique como científica. De um lado, aparece uma atividade cercada de certos *rigores* de comportamento. O cientista procura tratar seu objeto dentro de certos *rituais* reconhecidos como importantes, de modo geral: evita a credulidade, assume atitude distanciada, cita autores, usa uma linguagem estereotipada, quase um dialeto, busca definir os termos da forma mais precisa possível, emprega técnicas complexas de quantificação, confia apenas em testes rigorosos, e assim por diante. Pratica-se uma forma de treinamento voltada para conseguir dos alunos uma visão crítica da realidade, uma atitude mais objetiva, um domínio de autores e teorias, uma produção argumentativa insistente, e assim por diante. Há, assim, um rol de *cuidados* específicos, que, uma vez seguidos, parecem produzir o resultado imaginado, a saber, a ciência.

Tais cuidados poderiam ser categorizados em *critérios internos e externos* de cientificidade. Os primeiros decorrem da própria obra científica, na qualidade de cartecterística intrínseca. Os segundos decorrem da opinião sobre ela, na qualidade de característica extrínseca, ou atribuída de fora.

Entre os critérios internos, distinguimos dois principais, mais ligados à forma, e outros dois, mais ligados ao conteúdo. O critério formal mais amplamente reconhecido é o da *coerência*. Não pode haver obra científica que seja incoerente, entendendo-se a coerência como critério propriamente *lógico* formal.[3]

A lógica é uma parte central da teoria do conhecimento e refere-se à característica de uma montagem teórica sem contradições. Lógico é aquilo desdobrado sem tropeços, com começo, meio e fim, ordenado, construído dentro de um planejamento racional, onde as partes estão em seu devido lugar, deduzido de tal sorte que a conclusão não contradiz o ponto de partida, e assim por diante.

A expressão mais límpida da lógica é a matemática, que assim pode ser, porque é estritamente formal. É pura forma. Uma reta não tem conteúdo e por isto é exata. Em ciências sociais não temos fenômenos deste tipo, mas a lógica é aplicável como dedução teórica sem contradições. Uma teoria pode ser definida como um conjunto lógico de enunciados, articulado, concatenado, ordenado, amarrado, sistematizado. Não se aceita como científica a teoria, onde podemos encontrar enunciados contraditórios, desordem interna de idéias e concepções, conceitos mal definidos e usados em sentidos diferentes no mesmo texto, ou até mesmo em sentido contraditório, conclusões não dedutíveis do corpo anterior.

É, por exemplo, contraditório o positivismo de Comte, porque propõe a superação da fase religiosa da humanidade, mas termina produzindo nova forma de religião. É contraditória uma crítica sem autocrítica, porque não aplica a si o que imagina dever aplicar nos

---

3. K. Lambert e G. G. Brittan, *Introdução à Filosofia da Ciência* (Cultrix, 1972); R. M. Chrisholm, *Teoria do Conhecimento* (Zahar, 1974); J. Hessen, *Teoria do Conhecimento* (Américo Amado, 1968); H. Reichenbach, *La Filosofía Científica* (Fondo de Cultura Económica, 1967).

outros. É contraditório defender para o filho liberdade sexual, enquanto para a filha se defende o contrário, já que para a prática da liberdade sexual masculina é mister a filha que a isto se preste. É contraditório um político construir a imagem de paladino da justiça social, enquanto em sua fazenda mantém trabalhadores sem terra em regime de semi--escravidão.

Trata-se de um critério formal, porque, por exemplo, uma ideologia também pode ser lógica. Dado o ponto de partida, não discutido, é possível desdobrar logicamente todos os outros enunciados, obtendo-se uma conclusão não contraditória. A teoria do racismo pode ser lógica. Será rejeitada por razões de conteúdo, do ponto de partida, da ideologia, mas pode ser inatacável do ponto de vista lógico. Assim, ser uma teoria lógica não é tudo, embora constitua uma característica importante.

Ao mesmo tempo, refere-se ao traço desejável de ordenamento interno das partes, ou seja, de sistematização. Um objeto qualquer, para ser captado, precisa num primeiro momento ser sistematizado. Ele apresenta-se, de modo geral, complexo, perdido em meio a inúmeras facetas destacáveis, com contornos imprecisos. Um dos primeiros atos do cientista é colocar alguma ordem nas idéias, formular categorias descritivas que circundem o objeto, dividir em partes. É preciso definir, distinguir, classificar, opor etc. São todas atividades da lógica, fundamentais para que o objeto apareça com horizonte claro.

Assim, são tarefas básicas para se construir ciência:

a) definir os termos com precisão, para não deixar margem à ambigüidade; cada conceito deve ter um conteúdo específico e delimitado; não pode variar durante a análise; embora uma dose de imprecisão seja normal, o ideal é reduzi-la ao mínimo possível, produzindo o fenômeno desejável da clareza de exposição;

b) descrever e explicar com transparência, não incorrendo em complicações, ou seja, em linguagem hermética, dura, ininteligível; para bem explicar é mister simplificar, mas é preciso também buscar o meio--termo entre excessiva simplificação e excessiva complicação;

c) distinguir com rigor facetas diversas, não emaranhar termos, clarear superposições possíveis, fugir à mistura de planos da realidade; não cair em confusão, no sentido de confundir uma coisa com outra, de obscurecer regiões distintas no mesmo objeto, de trocar termos destacáveis;

d) procurar classificações nítidas, bem sistemáticas, de tal sorte que o objeto apareça recortado sem perder muito de sua riqueza;

e) impor certa ordem no tratamento do tema, de tal modo que seja claro o começo ou o ponto de partida, a constituição do corpo do trabalho, e a seqüência inconsútil das conclusões.

A coerência aplica-se também à prática. Será incoerente o professor que constrói em sala de aula uma postura revolucionária, mas não a pratica no dia-a-dia. É coerente o pai que acredita dever evitar toda forma de imposição na educação e jamais bate no filho. É coerente

35

a pessoa que, imaginando não poder viver sem neurose, racionaliza a preferência por alguma que lhe seja inspiradora.

O segundo critério formal interno é a *consistência*. Na verdade é menos formal que o primeiro, mas predomina nele ainda o aspecto formal. De certa maneira, podemos defini-la como capacidade de resistir a contra-argumentos. É consistente aquilo que não rui, que é compacto, que é resistente.

Das obras ditas científicas produzidas em determinado espaço e tempo, a grande maioria vai empoeirar-se nas prateleiras. Embora isto possa acontecer por outras razões também, podemos admitir que geralmente acontece porque a maioria das obras não possui a necessária consistência, não resistindo à crítica. Assim, se lemos ainda hoje Aristóteles, Platão, Maquiavel, é porque vemos em suas obras algo que conseguiu sobrepor-se à erosão do tempo. Não são mais atuais. Reconhecemos até mesmo erros. Mas continuam importantes. Tal importância nem sempre está ligada a critérios formais; por vezes está ligada a critérios sociais. Mas não podemos negar excelência científica baseada também em critérios de ordem formal.

A importância atribuída a uma obra ou a um autor pode estar baseada em razões sociais, por exemplo, de coincidir com a ideologia do grupo, de ser promovida pelos dominantes, de fazer parte de certo dogmatismo vigente no momento, e assim por diante. Muitas obras importantes foram assim reconhecidas somente depois, como foi o caso de Galileu, de Maquiavel etc.

Todavia, isto não desmerece o fato comum de que a grande maioria das obras acaba na poeira das estantes e não volta a ser percebida, pelo menos de forma relevante. A consistência pode, assim, revestir a característica de *profundidade* que toda obra científica deve ter. Em contrapartida, é superficial aquela obra que não se escuda em argumentos sólidos, que não apresenta uma tessitura firme, que não desce à intimidade do fenômeno, que não demonstra suficiente conhecimento de causa, que ignora as teorias já existentes, que desconsidera as discussões havidas e atuais. Conhecer bem um tema significa dominar com a necessária profundidade as explicações existentes sobre ele, no passado e no presente, e sobretudo saber explicá-lo com meios próprios, melhor que outras explicações. Tal conhecimento é condição básica de aprofundamento no tema, distiguindo facilmente o autor de análises simplificadas, de vôos rápidos e dispersos, de discussões gerais e soltas, daquele que ataca os problemas com seriedade, por todos os ângulos possíveis, disseca os termos e penetra no âmago da questão.

O primeiro critério não formal interno é a *originalidade*. Pode certamente haver originalidade na forma, mas a usamos aqui ligada ao conteúdo. Quando ligada à forma, exprime sobretudo a superação da *tautologia*, que significa fazer um enunciado, no qual o predicado diz a mesma coisa que já estava no sujeito. Por exemplo, a arte é bela. "É bela" já faz parte do conceito de arte e por isto nada acrescenta. É repetitiva, redundante, pleonástica.

Ligada ao conteúdo, a originalidade é um critério de grande relevância, sobretudo em ciências sociais, onde, sob a avalancha crescente de trabalhos ditos científicos, sobretudo com a pós-graduação que obriga a redação de teses, está ficando cada vez mais difícil produzir coisas novas. Se não atentarmos para isto, caímos facilmente na cópia, na imitação, no parasitismo, sem falar no plágio.

Significa a necessidade de levar a ciência para frente, de a renovar constantemente, de recuperar interminavelmente a criatividade, de explorar todas as potencialidades imagináveis, de inventar alternativas onde menos se espera. Em meio a tanta discussão chocha, a polêmicas estéreis, a análises pedestres, é essencial conclamar a originalidade, para não institucionalizarmos a mediocridade de quem somente faz exercícios acadêmicos, pesquisas para treinamento, simulações de trabalhos.

Faz parte central da formação do aluno, se voltarmos a recolocar a pesquisa como atividade básica da vida acadêmica. O bom aluno não é aquele que repete bem, que apenas segue o professor, o bom leitor, mas aquele que aprende a andar com os próprios pés, que se eleva ao nível de construtor da ciência. Também faz parte central da formação do professor, porquanto, se não produz originalmente sua própria postura de cientista, nada tem a ensinar. Talvez se possa dizer que a grande maioria dos professores é mera transmissora de conhecimento alheio. No fundo, elegantes parasitas.

Para nos fixarmos num termo importante, a originalidade, quando ligada ao conteúdo da ciência, significa principalmente *produtividade,* capacidade de construir autonomamente ciência, contribuição a seu progresso, invenção de alternativas. Não cai do céu por descuido. Nem é realista imaginar que o cientista criativo é aquele que sabe sem estudar. Será assim que parte pode ser "inspiração", mas grande parte será "transpiração". De modo geral, ninguém é original sem árduo estudo da disciplina, sem aplicação profunda, sem conhecimento prévio acumulado. Estamos, na verdade, à procura do gênio criador. Talvez seja para a Sociologia alguém como Marx, para a Psicologia alguém como Freud, para a Educação alguém como Piaget, e assim por diante. É preciso superar a monotonia da repetição parasitária. É preciso conclamar o espírito crítico. É preciso fomentar o comportamento contestador. Se as ciências sociais são um processo interminável, inquieto e produtivo, a originalidade deve ser marca profunda.

O segundo critério não formal interno é a *objetivação,* entendida aqui como o esforço de ser objetivo. Desde logo aceitamos que não podemos ser objetivos, porque a ideologia está, em ciências sociais, no âmago do sujeito e do objeto. Embora seja esta a razão principal, ainda há aquela ligada à complexidade do objeto, maior que nossas simplificações explicativas.

Na verdade, é o critério mais importante interno. Interessa à ciência captar a realidade assim como ela é. Não se pode erigir como parâmetro qualquer coisa ligada à deturpação da realidade. Deste ponto de vista, não interessa o conhecimento ideológico sequer à ideologia, porquanto, para atingir os fins da ideologia, é preferível aquele conhecimento que traduz a realidade fidedignamente. A melhor maneira de "deturpar" a realidade será conhecê-la bem. A melhor forma de a manipular em favor dos interesses próprios é dominar com perfeição.

Ao aceitarmos que a ciência convive com a ideologia e que não pode propor-se eliminá-la, não estamos sacralizando a invasão ideológica. Na ciência deve **predominar** a cientificidade, não a ideologização. Não faz sentido chamar de mal necessário aquilo que é parte integrante. Mas é meta da ciência controlar a ideologia. Conviver criticamente com ela não significa favorecê-la, encobri-la, mas certamente reduzi-la, desmascará-la para que no fenômeno científico predomine cada vez mais a ciência.

A maioria dos cuidados metodológicos visa à objetivação. Usamos este termo, em vez de objetividade, porque esta não existe em ciências sociais. Objetivação significa o processo inacabável, mas necessário, de depuração ideológica da ciência, na busca de uma análise que seja a mais realista possível. O fato de que nenhuma teoria esgota a realidade não pode produzir o conformismo, mas precisamente o contrário: o compromisso de aproximações sucessivas crescentes.

Se não conseguimos dominar todas as facetas da realidade, temos que reconhecer que a pesquisa, ao mesmo tempo que descobre a realidade, também a encobre, naquilo que não toma em conta. Ver o homem apenas psicologicamente, ou economicamente, talvez seja uma sina da especialização, mas é sem dúvida uma deturpação também. Assim, quem se imagina objetivo, na verdade encobre suas deturpações. Objetivação, vista como processo necessário e interminável de busca da objetividade, é maneira mais madura e crítica de respeitar uma realidade que nos sobrepassa a capacidade de captação, ao mesmo tempo que levanta sempre a desconfiança contra a pequenez de nossa visão.

No entanto, a objetivação volta-se sobretudo contra a excessiva ideologização em ciências sociais. Muito facilmente surgem verdadeiras seitas, grupos que não admitem críticas, escolas fechadas, expurgo de oponentes, crendices fanáticas, e assim por diante. Não há fenômeno mais degradante, em ciência, do que o discípulo. Este adultera o mestre, porque geralmente é "mais católico que o papa". Somente repete, parasita, transmite, transformando aquilo que é matéria inevitável de discussão, em matéria de fé.

Embora uma ideologia possa igualmente ser uma bela inspiração, quando mantida como tal, reconhecida e criticada, na maioria dos casos tende a predominar, reduzindo a ciência a instrumento de justificação das posições sociais em questão. Nada emperra tanto o progresso científico quanto o fanatismo ideológico. Nem a ignorância é tão prejudicial. O surgimento de um número elevado de técnicas de coleta e mensuração do dado, bem como o uso de testes estatísticos foram motivados pelo desejo de maior objetivação em ciências sociais, partindo-se do ponto de vista de que muitas análises são excessivamente subjetivistas, especulativas, aéreas, que falam de coisas irreais, imaginárias ou tão distantes, que não pareceriam ser deste mundo. Chegou-se ao extremo de reduzir as ciências sociais às dimensões observáveis da realidade. Isto é um exagero lamentável, mas entende-se que tenha surgido, como resposta ao erro oposto. Entretanto, a formação científica é em grande parte a formação do compromisso com a objetivação.

Se observarmos alguns *cuidados* metodológicos comuns, ficará claro como se ligam ao compromisso com a objetivação:

    a) *espírito crítico,* significando a postura que dá primazia à contestação dos pretensos resultados científicos, sobre sua consolidação; no fundo, não acredita em consolidação, mas na necessidade de constante superação;

    b) *rigor* no tratamento do objeto, significando sobretudo a necessidade de definir bem, distinguir cuidadosamente, sistematizar com detalhe e fineza;

    c) trabalho *sine ira et studio,* significando a atitude distanciada, na procura de não se deixar envolver em excesso por aquilo que gostaríamos que fosse, em detrimento daquilo que de fato é;

    d) *profundidade* de análise, significando a recusa de deter-se na superfície das coisas, na visão imediata, na ingenuidade da informação primeira;

    e) *ordem* na exposição, significando a montagem concatenada, arrumada, clara da pesquisa e da análise;

    f) *dedicação* à ciência, tomada como *vocação,* ou seja, feita com convicção íntima, com prazer, com realização pessoal;

    g) abertura incondicional ao *teste alheio,* a fim de superar colocações subjetivistas, etéreas ou excessivamente gerais, que não conseguem ser reproduzidas pelos colegas;

    h) assídua *leitura dos clássicos,* para conhecimento aprofundado de como viram a realidade e até que ponto foram capazes de objetivação;

    i) dedicação ao *estudo das principais teorias,* metodologias e da produção atual, com vistas ao posicionamento inteligente dentro da discussão e ao amadurecimento de uma personalidade própria científica.

Ao lado desses critérios temos ainda os *externos,* destacando-se o da *intersubjetividade.* Significa a opinião dominante em determinado assunto ou sobre certa obra ou autor. É um critério externo, porque se forma em torno da questão, extrinsecamente, não a partir de característica interna.

A intersubjetividade marca a presença típica dos condicionamentos sociais nas ciências sociais. Do ponto de vista epistemológico e formal, nunca seria argumento. Em si, uma obra científica deveria ser avaliada somente por critérios internos. Em outros termos, deveríamos adotar somente a crítica interna, ou seja, aquela baseada nos critérios internos, alicerçada na qualidade interna dela, não na opinião externa. Todavia, ensina a sociologia do conhecimento que a ciência tem também seu débito social. Este se manifesta em grande limpidez através da opinião dominante científica. Assim, uma obra é considerada científica muitas vezes à revelia dos critérios internos, apenas porque satisfaz à expectativa ideológica ou coloca-se como sustentação da opinião dominante.

Principalmente em ciências sociais, que são marcadas pela ideologia de forma intrínseca, a vigência da opinião dominante é um fato marcante. Aparece sob muitas formas:

a) a feitura de uma tese de mestrado ou doutorado traduz sempre a questão do orientador, que estabelece entre ele e o candidato um relacionamento de poder; por mais que ambos os lados se comprometam com a objetivação, fica sempre pelo menos algo de relacionamento desigual;

b) a formação dos alunos é um processo de socialização, no qual emerge inevitavelmente, ao lado de possíveis argumentos, a posição privilegiada do mestre; dificilmente alguém defenderia que o fenômeno da atribuição de uma nota para um trabalho dado não está exposto à incursão subjetivista e tendenciosa;

c) a publicação de livros e artigos sofre uma seleção orientada, de acordo com a ideologia da editora ou da revista;

d) cada departamento tende a depurar-se de acordo com tendências ideológicas dominantes; onde predominam professores com formação americana, ensina-se à *la* americana, geralmente com forte dose de quantificação; em outros ambientes, também extremados, já se vê empirismo na simples montagem de uma tabela;

e) em determinado ambiente social forma-se preferencialmente um tipo de orientação científica, por vezes influenciado pelo momento histórico; assim, predomina no Terceiro Mundo uma sociologia de avanguarda, porque busca superar o subdesenvolvimento ou com ele preocupa-se; no mundo avançado encontra-se uma sociologia mais de estilo funcionalista e sistêmico, no fundo favorável à manutenção dos privilégios;

f) por vezes certas posturas tornam-se moda compelente, como talvez seja o caso de muitos ambientes de sociologia brasileira, onde a adesão pelo menos externa ao marxismo já vale como atestado de inteligência; em outros lugares pode valer como atestado de ignorância.

A intersubjetividade cobre, assim, uma série de fenômenos importantes. O mais destacado certamente é o *argumento de autoridade,* que traduz com muita propriedade a questão do débito social da ciência. A autoridade, em si, não é argumento algum. Um enunciado não pode ser científico por causa da boca que o pronuncia. Todavia, sabemos que a importância atribuída a certas teorias está muito mais em função de seus donos do que de critérios internos de cientificidade. É neste sentido que muitos abusam de *citações* de autores que imaginam célebres e capazes de ajudar a convencer o leitor. Na verdade, a citação é importante no sentido de permitir ao leitor refazer critica-

40

mente o roteiro de construção científica seguido pelo autor, ou de facilitar a cobertura do tema de vários ângulos, ou de explorar potencialidades outras em autores geralmente vistos em uma direção já notória, e assim por diante. A citação não é autoridade, porquanto é somente instrumental. Um trabalho sem citação pode ser tão científico quanto outro abarrotado delas. Um trabalho sem citação é apenas mais pobre em referência à discussão circundante do tema.

A maioria, porém, dos autores esconde-se atrás das citações, procurando uma proteção que temem não poder transmitir por próprias palavras. Recaem no argumento de autoridade, que, embora sendo talvez o mais vigente, é também o que menos comprova. Não se pode confundir argumento de autoridade com autoridade do argumento, ou seja, muitos autores são considerados autoridade porque dispõem de fato de uma obra científica. Sua citação faz sentido, porque se recorre a alguém que na respectiva temática mostrou argumentação respeitável.

Isto quer dizer que os critérios internos deveriam predominar e, no limite, decidir; mas não podemos fechar os olhos para os externos, não só porque de fato predominam, mas sobretudo porque fazem parte real do processo científico. Não levá-los em conta é pelo menos camuflar sua vigência.

Outro fenômeno importante dentro da intersubjetividade é a *opinião dominante,* que realmente influencia a produção científica. Um dos fatos mais transparentes da construção científica são as divergências de escolas. Embora elas produzam igualmente consensos, até mesmo porque se comunicam e se entendem, e se identificam como pertencentes ao mesmo fenômeno fundamental, não consequiriam esconder as disparidades. Em cada escola surge uma linha dominante, que passa a caracterizá-la e muitas vezes a constituir seu atrativo específico. Uma escola com personalidade própria não é somente aquela capaz de realizar bem critérios internos, mas igualmente aquela que consolida capacidade própria de influência, de convencimento, de liderança. Por mais que uma escola possa tornar-se obstáculo à criatividade, quando se torna igrejinha particular e fechada, é também um fenômeno normal em ciência e pode chegar à inspiração fecunda.

Outro fenômeno da intersubjetividade é a *comparação crítica* entre teorias, autores, escolas. Na verdade, a crítica preferencial é a interna, aquela que critica a partir da própria obra, que busca penetrar dentro da casa alheia, que a contesta por defeitos que se encontram nela mesma, não a crítica externa, aquela que parte de uma posição ideológica diversa. Todavia, esta geralmente predomina, e se não for unilateralizada, pode ter seus méritos.

O grande problema está em que, sendo o ponto de partida ideológico diverso, é próprio da ideologia torcer a seu favor, diminuindo muito a possibilidade — que deveria ser real — de mudar de posição.

Assim, uma crítica ideológica, para ser coerente, deve entender-se ideológica, e jamais imaginar que conseguimos criticar uma ideologia adversa de forma isenta. Se alguém é ideologicamente contra o freudismo, dificilmente deixará de chegar à conclusão de que o freudismo é uma postura errada. Por mais que se esforce em adotar atitude objetivante, não seria ideológico se não propendesse a justificar sua própria posição.

2.3. OS LIMITES DA DEMARCAÇÃO CIENTÍFICA

Podemos fazer o exercício de autocrítica sobre a demarcação que acabamos de apresentar. Será aceitável? É muito frouxa? O que ganhamos com ela?

Em primeiro lugar, é preciso atentar para o fato inarredável de que não podemos jamais concluir esta discussão. Quando falamos de critérios de cientificidade, estamos supondo que temos em nossa frente um conceito não evidente e que necessita de definição, como é o conceito de ciência. Apresentemos, então, um critério de definição que consiga dizer o que o conceito é, o que não é, como se delimita, qual é seu contexto de vigência. Tomemos o critério de coerência. Dissemos que é um dos critérios, que é formal, que é interno etc.

No entanto, notamos logo que o conceito de coerência também não é evidente. Precisamos defini-lo igualmente. E o fizemos apelando para sua característica lógica de falta de contradição. Mas surge imediatamente a constatação de que nem lógica, nem contradição são conceitos evidentes. Precisamos, de novo, defini-los.

Ora, de que se trata? Trata-se de uma regressão ao infinito, como dizem os lógicos, o que coincide com a idéia de uma discussão interminável. Se não admitimos evidências, ou seja coisas que se impõem como definidas de antemão, absolutamente claras para todos: supomos que se apresentam de forma indistinta, discutível, não evidente. Cada termo terá que ser definido por um novo termo, e assim indefinidamente.

A discussão não pode ser naturalmente suprimida. O que fazemos é interrompê-la a certa altura, por conveniência externa, nunca por exaustividade interna. Interrompemos, seja porque cansamos de discutir, seja porque perdemos o fio da meada, seja porque o contexto chega a nos satisfazer, seja porque combinamos interromper. Tudo isso é conveniência externa, da qual não escapamos. Assim, a primeira conclusão a ser colhida é a de que a demarcação científica tem valor certamente relativo; é o caso típico de uma discussão, ou seja, de algo por definição discutível.

Em segundo lugar, a demarcação científica das ciências sociais, mantendo-se coerente com o ponto de partida, há de aceitar que é uma proposta entre outras sempre possíveis. Apresentamos nada mais que uma forma de se ver ciência, aceitável na medida de sua fundamentação.

Temos dois extremos principais a serem evitados. De um lado, o *dogmatismo*, que faz da ciência mero instrumento de justificação ideológica. É um mundo fechado, onde não faz sentido a discussão crítica, a criatividade, a originalidade, a alternativa explicativa. É a mediocridade do bando de discípulos, meramente reprodutores e fortemente inspirados pela condenação fácil de quem tenha idéias diferentes. Para eles, ideologia é simplesmente a opinião do outro!

Do lado oposto, aparece o *relativismo* metodológico que procura fundar sua validade declarando todas as posições válidas. Assim como o dogmatismo é um fenômeno e um perigo concretos, o relativismo também o é. Confunde-se com o ecletismo, que significa a falta de posição metodológica elaborada, ou seja, o parasitismo sobre posições já encontradas, não discutidas e mecanicamente assumidas e confundidas. Não é o caso do eclético que ajunta elementos de várias posições, mas elabora uma posição identificável; aí não há falta de posição (o que não deixa de ser uma péssima posição), mas uma posição específica.

O relativismo pode ser facilmente motivado pelo fato de que as divergências são em última instância insuperáveis; não é imaginável um consenso universal, a não ser por dogmatismo. A partir daí caímos no extremo oposto. Se não existe a evidência, tudo é válido. Cada um propõe o que quiser, defende o que deseja, constrói à vontade. Não se toma conhecimento da crítica alheia, porque cada um está "na sua".

No entanto, o relativismo é contraditório, porque não se pode afirmar que tudo é relativo. Esta afirmação já não seria relativa. Por outra, não é sustentável a idéia de que uma posição seja apenas individual. O próprio fenômeno social, que significa inevitável interação e mútuo condicionamento, coíbe a posição puramente subjetiva e individual. O que existe na realidade é a opinião dominante que, embora tenha suas faces indesejáveis, leva a produzir consensos, aceitações relativas, convencimentos impostos, e assim por diante. Aquela situação estereotipada, na qual cada um pensa a seu talante, é um contra-senso social, porque suporia um contexto não socializado.

A vida social é condicionada, quer dizer, valem menos intenções particulares, consciências subjetivas, veleidades íntimas do que condicionamentos objetivos. Estes nos moldam, produzindo inevitáveis consensos, opiniões dominantes, verdades comuns, que coíbem relativizações extremas.

É certamente possível imaginarmos excesso de divergência, bem como excesso de consenso. Ambos são prejudiciais à ciência. No primeiro caso, porque a divergência se torna fim de si mesma. No segundo, porque não existe criatividade.

Assim, o fato de não conseguirmos concluir terminantemente uma discussão não a torna relativista; apenas precisamos reconhecer as inegáveis conveniências sociais e os limites de nossas virtudes lógicas.

Em terceiro lugar, a labilidade da demarcação científica aqui feita não é propriamente um defeito, mas uma propriedade dialética, segundo a qual, se a ciência é processo, está sempre se fazendo. Não podemos construir posição definitiva. Mais que salvar teorias, propomo-nos a superá-las.

Se tomamos as ciências exatas e naturais como parâmetro científico, tal situação pode parecer indesejável e provocar um sentimento de frustração. Incomoda muita gente ouvir que em ciência social nada está definitivamente comprovado; nem esta afirmação. Pode ser levada ao exagero, pode ser banalizada, como sempre. Mas pode ser também a fonte da criatividade perene. Talvez as ciências naturais amadureçam e pleiteiem posições cada vez mais consensuais. As ciências sociais, por sua vez, tornam-se cada vez mais jovens! Amadurecer para elas é transformar-se na história, trazer alternativas, começar de novo, inventar.

Não serve isto como fundamentação para que desprezemos o rigor lógico e o trabalho ordenado. Se é verdade que os conceitos sociais são sempre também imprecisos — vemos melhor seu miolo, mas não sabemos bem onde começam, nem onde acabam —, pelo menos comparando com o conceito de água, isto é apenas um repto a mais em favor da objetivação. Não é uma vantagem o fato de que a maioria das discussões sociais é confusa, digressiva, prolixa, indistinta, interminável, cansativa etc. Pelo contrário, é falta de nível científico.

Nossa posição supõe dose acentuada de autocrítica. Trata-se de uma ascese fundamental. Fazer ciência aberta à discussão, que procure mais a descoberta da realidade do que sua defesa ideológica, é conquista árdua, é modéstia convicta, é sabedoria profunda.

Ao mesmo tempo, parece-nos que a labilidade típica da demarcação científica mostra não valer a pena imitar mecanicamente as outras ciências. Vale a pena certamente aprender delas procedimentos que preservem a objetivação, para que coloquemos a descoberta da realidade acima de tudo. Bem usada, a experimentação empírica é salutar. O teste estatístico de nossas hipóteses pode contribuir para o nível científico. Mas não faz sentido reduzir tudo à base física e formal. Em termos estritos, não se consegue medir bem o fenômeno da normalidade psíquica. Qualquer mensuração será indireta. No entanto, o fenômeno não é menos importante por causa disto, nem se deve atirar ao mar o esforço de mensurar quando somente aplicável de modo indireto.

44

Isto parece ser um componente fundamental da realidade social: estamos cercados, no dia-a-dia, de noções que, se fôssemos invectivados a definir, o faríamos com grande dificuldade. Por exemplo, o que é alegria? Realização pessoal e social? Satisfação das necessidades básicas? Direito humano fundamental? Religião? Um bom casamento?

Podemos usar certo conceito de forma aparentemente muito consensual, e de repente descobrir um total equívoco. Talvez seja muito consensual que as novelas de televisão são uma forma moderna e muito atraente de diversão. Bem pensando, todavia, podemos descobrir que exercem sobre nós uma tirania impressionante, no sentido de emitirem influências ideológicas contestáveis. A partir daí, o que era diversão natural e inquestionada passa a ser fonte de grande preocupação, porque podemos imaginar que nossos filhos sejam, por exemplo, excessivamente manipulados por elas.

Da mesma forma, nenhum cientista social é capaz de garantir matematicamente a vitória de um deputado nas urnas. Por mais que seja perito em estatística e em pesquisa empírica, sabe que sua previsão é probabilística, não matemática em sentido estrito. A promessa da certeza é a coisa mais incerta das ciências sociais. Em vez de camuflar a labilidade, é preferível enfrentá-la criticamente e dela partir.

2.4. O OBJETO CONSTRUÍDO

Dizemos que a ciência trabalha com um objeto construído. Não trabalha com objetos "dados", puros. Esta posição supõe, certamente, uma visão específica do que entendemos por ciência, como fizemos acima. Dentro dela, parece-nos coerente falarmos em objeto construído como resultado da lide científica.[4]

A idéia de objeto construído significa, *num primeiro momento,* que não trabalhamos com a realidade, pura e simplesmente, de forma imediata e direta, mas com a realidade assim como a conseguimos ver e captar. Temos da realidade uma visão mediada, ou seja, mediata. Vemos a partir de um ponto de vista. O problema do ponto de partida significa que não partimos sem ponto. Este ponto coloca um início sempre problematizável, porque está à mercê também de condicionamentos externos, de ordem temporal e espacial, que explicam, entre outras coisas, as divergências de escolas e autores.

O cientista não é somente um fenômeno lógico e formal. É igualmente um fenômeno social. Quer dizer, não consegue fazer ciência social sem imiscuição ideológica, embora possa controlá-la por vezes

---

4. P. L. Berger, *A Construção Social da Realidade* (Vozes, 1973).

de forma bastante eficiente. Não capta propriamente a realidade assim como ela é, mas como a vê.

Na verdade, não captamos a realidade, mas a *interpretamos*. Interpretar significa aceitar que na análise do fenômeno aparecem elementos que são menos do fenômeno do que do analista. Aparece a marca do cientista. Os fatos, que muitas vezes julgamos objetivos e na verdade o são, porque acontecem apesar de nossas ideologias, não se impõem ao sujeito, como se fossem evidentes em si. Basta observarmos que o mesmo fato pode ser visto de modos diferentes por cientistas diferentes. Por exemplo, a queda de crescimento do país em determinado momento histórico pode ser interpretada estruturalmente como indicador de inviabilidade econômica, bem como conjunturalmente como dificuldade passageira, ou até mesmo como situação desejável, tendo em vista, por exemplo, o controle da inflação.

O dado não fala por si, mas pela boca de uma interpretação. Quando o julgamos evidente, não o é por si, mas porque cai naturalmente na malha de nossa interpretação que, por razões ideológicas, julgamos evidente. Assim, o fenômeno da evidência não é do dado, mas da interpretação em que cai. Uma estatística, por si, não é empirista, como se contivesse de antemão uma interpretação necessária. O empirismo aparece no uso que se faz dela, por exemplo, quando reduzimos a realidade social à sua expressão estatística. Reduzir o desenvolvimento de um país à expressão da renda *per capita* é confundir desenvolvimento com crescimento e exigir de uma estatística o que ela não pode dar. A renda *per capita* diz apenas uma relação entre a riqueza gerada e a população presente, mas nada diz se a riqueza está ou não distribuída. Depende, portanto, de como a interpretamos.

Num segundo momento, objeto construído significa que a ciência investiga de acordo com interesses da sociedade, sobretudo da estrutura dominante. A ciência não capta toda a realidade ou qualquer faceta ao acaso. Dedica-se a tratar aquilo que é percebido, no contexto social, como relevante. Não existem, assim, relevâncias de antemão importantes, mas relevâncias que interessam e por isto são importantes.

Tentaremos o exemplo da economia. Poderíamos sugerir que os conhecimentos de economia servem mais à manipulação econômica da sociedade em benefício de minorias privilegiadas do que à libertação econômica dos povos. Explica-se isto, porque serve também aos interesses dominantes, muito mais preocupados em fazer a máquina funcionar do que em questioná-la. O economista é formado basicamente para tocar o planejamento econômico governamental e levar as empresas à produtividade, o que significa uma ótica sistêmica, preocupada em fazer o sistema funcionar, não em problematizar também. Por mais que pudesse haver consenso em torno do economista como cientista "objetivo", que não discute ideologias, mas domina instrumentais da produtividade econômica, isto não desfaria seu lado ideológico. No limite, produz o economista que sabe muito de pobreza, na ótica econômica, mas que não se sente compromissado com ela. Faz nisto o jogo do poder.

Assim, cremos ser um fato importante que as ciências sociais fazem o jogo do poder, simplesmente porque são construídas por pessoas beneficiárias no sistema. Se temos nossa consciência condicionada pela nossa posição econômica — sem traduzir aqui determinismos —, parece que é apenas um resultado esperado: prontifica-se muito mais a justificar a situação privilegiada do que a superá-la.

Portanto, a ciência não transmite a realidade "objetiva", mas aquela que interessa. Não pode ser acaso que seu uso preferencial é o da manipulação da sociedade e do controle social. Quando estudamos, por exemplo, o comportamento psicológico das pessoas e grupos, tendemos a usar tal conhecimento como técnica de domínio e de controle, o que aparece transparentemente na propaganda: é sibilina manipulação do comportamento alheio.

É claro que não podemos interpretar a ciência como projeto conscientemente mal-intencionado. Certamente não é uma conspiração contra a humanidade. Dizemos somente que os interesses sociais são uma referência importante, sem os quais as ciências sociais estariam soltas no espaço e no tempo.

As próprias ciências naturais são mais usadas para coisas questionáveis do que para coisas positivas. Poderíamos hoje saciar a fome de todo o mundo; é um projeto tecnológico dominado. Todavia, não usamos este conhecimento neste sentido, mas na linha da manipulação econômica dominativa que redunda na manutenção da fome num contexto de riqueza. Certamente entendemos mais de guerra, de destruição, de agressão tecnológica e ecológica do que de paz.

Num terceiro momento, objeto construído não pode significar objeto inventado, que já seria o caso, se a manipulação ideológica predominar. Quer certamente dizer que é natural uma dose de deturpação dos fatos, uma dose de simplificação do fenômeno, uma dose de manipulação. Quer também dizer que, não vendo tudo em tudo, vemos por facetas; quando classificamos os fenômenos, recortamos e, assim, estereotipamos; nenhuma definição é tão rica quanto o fenômeno.

Mas não quer dizer que compactuemos com a deturpação pura e simples, colocando já a ideologia como finalidade da ciência. Fazer ciência ainda é, profundamente, controlar a incursão ideológica. Por mais que o controle seja sempre relativo, é metodologia fundamental das ciências sociais. Reconhecemos que, em ciências sociais, o sujeito deixa no objeto sua marca; neste sentido, o tratamento do objeto social acarreta doses mais ou menos fortes de sua transformação ou de sua manutenção. Aí está precisamente uma diferença importante para com objetos naturais, que são extrínsecos ao sujeito.

Objeto construído significa, pois, que não se entende sem o respectivo construtor. Não conseguimos imaginar a solidão pura de um sujeito objetivo diante de um objeto, travando entre os dois um relacionamento apenas formal de simples captação, descrição e reprodução. Seria isto ignorar os condicionamentos sociais e a ciência como processo histórico. A relação entre sujeito e objeto é dinâmica, dialética, no sentido de mútua influência. E isto é precisamente o fenômeno metodológico da interpretação, ou seja, depende também do intérprete, e, como conseqüência, do seu contexto social.

Parece-nos, então, claro que a Economia, a Sociologia, a Antropologia, a Filosofia etc. são formas de interpretar a realidade, havendo ainda inúmeras formas internas a cada uma delas. Não se pode imaginar, a não ser no dogmatismo, uma interpretação única de Marx, de Freud, de Lévi-Strauss, de Piaget etc. Por outro lado, não é também assim que tudo é mera interpretação, no sentido de veleidades subjetivistas. A própria vigência de dogmatismos já mostra que tais veleidades não são fenômenos institucionalizáveis em seu limite. É também comum encontrarmos na história interpretações consensuais, assim como era consenso em momentos importantes da Idade Média que o poder seria propriedade divina ou de alguma família real. A variação interpretativa não pode obscurecer as identidades entre elas, as supe-posições, as contigüidades e as substituições.

2.5. OS PASSOS DO TRABALHO CIENTÍFICO

Para simplificar as coisas, colocamo-nos o exercício de escrever um trabalho científico. Tal trabalho pode ser entendido como uma das quatro pesquisas acima descritas e definidas. Em termos práticos, trata-se de fazer uma construção científica. Que passos são importantes?

Quando nos propomos fazer um trabalho científico, a primeira questão é a *hipótese de trabalho.* Significa o lançamento de uma suspeita explicativa ou a sugestão provisória de que certa forma de explicação poderia dar certo. Imaginemos que desejamos explicar donde vem a criminalidade urbana, um fenômeno que nos preocupa muito e que estaria recrudescendo. Podemos imaginar inúmeras hipóteses de trabalho: uma poderia partir da idéia de que a questão fundamental é a falta de administração da cidade, sobretudo do despreparo policial; outra se concentraria na preocupação em torno da educação das famílias, donde proviriam as pessoas ligadas a crimes urbanos; outra preferiria relacionar-se com a questão da pobreza, suspeitando que o crime é na maioria das vezes motivado pela necessidade de sobrevivência, porquanto pessoas vêm do campo para a cidade, não encontram emprego satisfatório, não conseguem sustentar-se adequadamente e acabam empurradas para o mundo do crime.

Uma vez concebida a hipótese, que por definição é hipotética, provisória, da ordem de uma suspeita ou de uma sugestão, trata-se de construir o *roteiro do trabalho*. Tal roteiro é composto de vários elementos importantes. Um deles é a construção de um quadro teórico de referência que se forma através do conhecimento das explicações já feitas sobre o mesmo assunto, seja no plano dos clássicos, seja no plano da discussão atual. Outro elemento é a busca de material factual em torno do problema, quando houver, para se averiguar até que ponto já existe saber prévio, aceitável ou não. Outro elemento, já mais formal, é o ordenamento interno, seja sob a forma de capítulos, seja sob a forma de blocos sucessivos de problemas, seja sob a forma de seqüência de idéias e de argumentos, seja sob a forma de organização explicativa, e assim por diante.

O cerne da questão, contudo, em termos de roteiro de trabalho é o *teste da hipótese,* para averiguarmos se a suspeita explicativa foi correta ou não, ou em que deve ser corrigida para satisfazer à explicação do fenômeno. Tal teste geralmente é pensado sob a forma de experimentação empírica, cercada de muitos cuidados estatísticos, mas isto é apenas uma versão do teste, mesmo que fosse reconhecida como a mais praticada. Há outras, como a discussão teórica, crítica, ou o teste de argumentos teóricos e práticos, no sentido de aceitar, rejeitar ou reformular. O problema básico, em todo o caso, será conseguir transformar a hipótese numa *tese,* porque tese é uma hipótese confirmada, testada, e por isto aceita como comprovada.

Dentro de nossa concepção de ciência social, não produzimos em última instância mais do que hipóteses, já que não existe comprovação em regra que não pudesse ser colocada em questão. Tese há de significar tão-somente uma hipótese testada e mantida enquanto não se achar outra melhor. De qualquer forma, deixa de ser mera suspeita e passa a ser já uma relativa contribuição à ciência.

Por fim, chegamos às *conclusões* que buscávamos a partir da hipótese inicial. Quer dizer, todo trabalho científico propõe-se a mostrar alguma coisa, por exemplo, provar a relação que existiria entre dois fenômenos (entre pobreza e criminalidade urbana), provar que uma explicação vigente está errada, provar outra maneira de explicar, provar que o conhecimento acumulado é problemático, e assim por diante. É importante esta proposta hipotética de trabalho, porque é ela que transmite unidade ao projeto, ordena as partes, monta o corpo de enunciados, conduz a lógica de dedução, e assim por diante.

Quando nos propomos a realizar um trabalho deste tipo é normal que a primeira impressão seja de perplexidade. Não sabemos por onde começar, sobretudo se nunca nos tínhamos metido antes no assunto. Todavia, é a situação normal de quem se julga pesquisador e não detentor de saber evidente e prévio. Pesquisador é alguém que se propõe a descobrir a realidade, supondo que nunca a sabemos satisfatoriamente. Sempre há o que descobrir. Quem parte de evidências nada tem a pesquisar. O processo de superação desta perplexidade inicial é algo central na formação científica de uma pessoa. Como se faz?

Em primeiro lugar, vamos à biblioteca ler sobre o tema. Não é bom expediente adiantar, de mão beijada, literatura específica, e muito menos certas páginas, cuja leitura dá uma resposta à questão procurada. Pesquisador é aquele que descobre por si, que inventa sua saída. Em segundo lugar, vamos levantar informação em torno do assunto, seja de ordem factual, seja de ordem teórica. Em terceiro lugar, é preciso colocar a imaginação para funcionar, ou seja, apelar para a criatividade.

A perplexidade começa a ser superada, quando imaginamos vislumbrar uma suspeita explicativa. Aí descobrimos um caminho possível, vemos uma luz no fundo do túnel. Conseguimos levantar algumas referências orientadoras. Avançamos, então, na direção imaginada. Pode ser que venhamos logo a constatar que o caminho imaginado não é factível ou que é equivocado. Mas já foi um avanço, porque descobrir que a hipótese não é realizável é um resultado científico válido. Daí, reformulamos a hipótese em parte ou a abandonamos e buscamos outra. E vamos avançando, com maior ou menor velocidade, até elaborarmos as condições suficientes para desembocar nas conclusões.

Não sai trabalho nenhum, quando não formos capazes de imaginar um roteiro hipotético. É preciso saber montar uma proposta de caminho possível, ainda que provisória. Na verdade, grande parte da criatividade do trabalho está na invenção da hipótese. Uma mente criativa arranja facilmente hipóteses surpreendentes, vê coisas onde outros nada vêem, faz ilações inesperadas, conserva boa visão de conjunto para jogar com vários fatores num mesmo contexto, e assim por diante. Quem não possui criatividade — e sobretudo quem não possui preparo teórico e metodológico — é incapaz de levantar hipóteses explicativas atraentes, às vezes a despeito de bases empíricas fartas.

O treinamento universitário deveria levar sobretudo à capacidade de construção de trabalhos científicos. É grande contradição praticar uma docência verbalista, que reduz o estudante à atividade de anotar o que o professor fala, de reproduzir apenas o que o professor propõe e a ler certas páginas previamente fixadas. Muitos terminam os estudos sem jamais terem escrito um trabalho em regra, nem mesmo como exercício acadêmico. Todavia, esta é uma das atividades fundamentais para a motivação à pesquisa, através da qual se aprende a ordenar idéias e a concebê-las, a criticar posições e a fundamentar outras, a desdobrar um tema, e assim por diante.

Não pode ser somente uma atividade teórica, de sala de aulas. A prática é igualmente importante, principalmente na forma de estágio curricular, através do qual a dedicação prática passa a fazer parte do processo de formação do estudante.

Trabalho científico não é resumir um livro, fazer fichas de leitura, extrair passagens específicas. Estas atividades são propriamente pré--universitárias. Trabalho científico é principalmente produção de conhecimento, que no estudante não será sempre original, mas pelo menos dentro da tentativa de construção por palavras próprias. Tem como resultado também a necessidade de leitura, algo essencial para se obter um referencial teórico abrangente e diversificado, de tal sorte que coloque a pessoa sempre em condição de imaginar hipóteses alternativas.

A formação universitária deveria levar especificamente ao surgimento de pessoas capazes de construir ciências sociais. Não se faz isto com alunos apenas ouvintes e pacientes. O que importa na verdade é sua produção, seu trabalho concreto, sua participação em atividades práticas, que implantem o hábito de enfrentar temas, de ordenar seu tratamento, de argumentar solidamente e de extrair conclusões coerentes e consistentes.[5]

---

5. L. Hegenberg, *Etapas da Investigação Científica* (EDUSP, 1976).

3
ALGUNS PRESSUPOSTOS METODOLÓGICOS

3.1. OS PRINCÍPIOS DA CONSTRUÇÃO DA CIÊNCIA

Poderíamos dizer que se trata de hipóteses metodológicas. São posicionamentos básicos que admitimos de modo geral válidos e que orientam a conduta na pesquisa e na construção científica em geral. Por serem linhas hipotéticas, é claro que os podemos e devemos questionar, mesmo que façam parte de uma tradição forte.

Mostram, por outra, os *dois* lados típicos da ciência: o *epistemológico*, ligado à teoria do conhecimento e que podemos simplificar como sendo a característica lógica; o *social*, ligado à sociologia do conhecimento e referenciado aos condicionamentos sociais da construção científica. Seja como for, a ótica é metodológica, no sentido do que são pressupostos na linha das instrumentalidades da construção científica. Em que pesem as divergências notórias, há relativos consensos e até mesmo um modo típico de fazermos ciência, que as universidade, de modo geral, cultivam, aperfeiçoam, e repetem.[1]

De certa maneira, seríamos tentados a dizer que se trata de um modo ocidental de construção científica, dentro da tradição grega, que lançou os primórdios deste tipo de preocupação, tanto em sentido lógico quanto em sentido social, inventando o fenômeno até hoje importante do grupo que sabe fazer ciência. Este modo ocidental

---

[1]. K. Mannheim, *Wissenssoziologie* (Luchterhand, 1970); G. Gurvitch, *Os Quadros Sociais do Conhecimento* (Moraes, 1969); R. K. Merton, *Social Theory and Social Structure* (The Free Press, 1968); A. R. Bertelli e outros, *Sociologia do Conhecimento* (Zahar, 1974); V. Pareto, *Trattato di Sociologia Generale* (Milão, 1964); W. R. Coulson e C. R. Rogers, *O Homem e a Ciência do Homem* (Interlivros, 1973); J. Ben-David, *O Papel do Cientista na Sociedade* (Pioneira, 1974); J. D. de Deus, *A Crítica da Ciência* (Zahar, 1974); P. V. Kopnin, *Fundamentos Lógicos da Ciência* (Civilização Brasileira, 1972); R. S. Rudner, *Filosofia da Ciência Social* (Zahar, 1969); J. Ben-David e outros, *Sociologia da Ciência* (FGV, 1975); C. G. Hempel, *Filosofia da Ciência Natural* (Zahar, 1970); H. F. Japiassu, *Introdução ao Pensamento Epistemológico* (Francisco Alves, 1975); F. Braudel, *História e Ciências Sociais* (Presença, 1972); A. L. Stinchcombe, *La Construcción de Teorías Sociales* (Nueva Visión, 1970); H. F. Japiassu, *Para Ler Bachelard* (Francisco Alves, 1976); P. Quillet, *Introdução ao Pensamento de Bachelard* (Zahar, 1977); E. C. Leão, *Aprendendo a Pensar* (Vozes, 1976).

possui algumas identidades relativas que buscamos aqui expor introdutoriamente.

Embora tendamos a chamar ocidental a este modo, não saberíamos dizer como seriam outros modos. Apenas imaginamos que talvez haja possibilidade de construir ciência de outras formas, que seriam "orientais" ou adjetivadas de qualquer outra tipicidade. No fundo, resistimos à idéia de que a única maneira de descobrir a realidade deva ser aquela que conhecemos entre nós e que vimos praticando por séculos a fio. Se a criatividade deve ser marca registrada da ciência, é contraditório encerrarmos sua evolução dentro de um lastro conhecido ou apenas predominante.

Ademais, nossas formas de racionalidade, de rigor metodológico, de ver o relacionamento entre sujeito e objeto, não precisam ser as únicas, porquanto recairíamos naquilo que já é vício notório do ocidente: a arrogância clássica de considerar ignorante quem não conhece o que conhecemos. Não somos padrão absoluto para os outros. Isto não torna nossa história menos importante, mas é uma entre outras.

Esta modéstia científica é apenas coerente, se partirmos da idéia de que não conseguimos esgotar a explicação do fenômeno científico. Fazemos dele precisamente uma construção científica.

3.2. REGULARIDADE DA REALIDADE

Um dos pressupostos metodológicos mais importantes das ciências sociais é a crença de que a realidade é um fenômeno regular.

Por muito tempo predominou a crença de que a realidade social seria influenciada mais pela vontade das pessoas do que por condicionamentos objetivos. Sem pretender fazer uma história da evolução destas idéias, podemos ressaltar pelo menos dois marcos importantes. Um deles centra-se na figura de Comte que introduziu a visão positivista da realidade, segundo a qual teríamos superado a postura anterior, filosófica e religiosa, que percebia na realidade condicionamentos oriundos de fora dela. As coisas acontecem não porque Deus quer, ou o homem decide, mas porque a realidade possui sua própria racionalidade, seu comportamento típico, ordenado e regular.

Muito contraditoriamente, Comte acabou instituindo nova forma de religião, mas não deixou de legar à ciência a preocupação de superar crenças míticas e de instituir explicações que não recorram a pretensas influências externas, principalmente de ordem extramundana.[3]

---

2. Poderíamos imaginar talvez uma ciência de estilo oriental, mais ligada à percepção de horizontes extra-sensoriais e fundada em filosofias da sensibilidade cósmica e interior. A racionalidade utilitária é menos presente que no modo ocidental de produzir ciência, nem se atribui ao homem o papel de centro dominador da natureza, o que leva certamente a incutir na ciência um projeto de dominação. A visão de mundo oriental é bastante diferente, como podemos vislumbrar através de manifestações do tipo ioga.

3. R. Aron, *Les Étapes de la Pensée Sociologique* (Ed. Gallimard, 1967).

Todavia, o marco mais importante talvez seja a contribuição de Marx naquilo que chamou de materialismo histórico para as ciências sociais. Contrapondo-se a Hegel, no qual via o protótipo da ciência ideológica, subjetivista, especulativa, propõe que os homens fazem sua história, mas dentro de condições dadas, principalizando estas. E dentro destas, destacou as econômicas. Segundo muitos intérpretes, determinam, em última instância, a realidade social, as condições de sobrevivência material.[4]

Marx não reduz o resto àquilo que chamou de infra-estrutura. A superestrutura detém papel importante, ainda que determinado. Por ter sido uma posição à época muito nova e contrária às tendências vigentes, sua explicação nem sempre foi feita em termos tranqüilos. Podemos facilmente encontrar textos marxistas duros, praticamente positivistas, imaginando encontrar "leis férreas" na sociedade, em vez de regularidades.[5]

De nossa parte, parece-nos que a postura marxista tende ao determinismo, na própria esteira da tradição científica ocidental, ainda que seja um determinismo inteligente. Em termos metodológicos, dificilmente se mantém a crença de explicações monocausais em ciências sociais. À medida que o materialismo histórico se aproxime de uma explicação monocausal, seria excessivamente determinista. Mas voltaremos a discutir isto posteriormente.

De todos os modos, a importância da postura marxista é inegável e estabeleceu uma virada metodológica das mais significativas, até hoje extremamente influente. A realidade não se rege principalmente através de intenções, boas vontades, decisões subjetivas, níveis de consciência, mas por condições objetivas, dadas. O homem não faz simplesmente história, como um deus que magicamente conduz seu destino, mas a faz condicionado — segundo alguns —, ou determinado — segundo outros.[6]

Transferiu-se, assim, para as ciências sociais a mesma crença secular segundo a qual a realidade tem um comportamento regular. Fala-se em "leis" do acontecer. É muito profunda esta crença ocidental. Supomos uma ordem interna nas coisas, por mais que aparentemente tenhamos outra impressão. A música, por exemplo, aparece como algo muito complexo, variado, rico (música antiga, primitiva, indígena, eclesiástica, clássica, moderna etc.), mas tudo é redutível à combinatória invariante de doze semitons. A matéria física aparece com uma face totalmente diferente daquela dada pela combinatória de um número finito de elementos atômicos.

---

4. K. Marx, *Contribuição para a Crítica da Economia Política* (Estampa, 1973); F. Engels, *Do Socialismo Utópico ao Socialismo Científico* (Estampa, 1971); M. Harnecker, *Los Conceptos Elementales del Materialismo Histórico* (Siglo 21, 1972).

5. P. Demo, *Metodologia Científica em Ciências Sociais* (Atlas, 1980), p. 191 ss.

6. P. Demo, **Sociologia** — Uma Introdução Crítica (Atlas, 1983), cfr. capítulos sobre "questões de método" e sobre visão marxista.

Temos, para as ciências sociais, dois pontos relevantes: num primeiro momento, trata-se da aceitação de que a história acontece objetivamente, não subjetivamente. A consciência é mais condicionada pela inconsciência do que o contrário. Quando escutamos um chinês falar, a impressão que temos é de caos total; no fundo, porém, não falamos como queremos ou inventamos, mas falamos de acordo com uma "gramática', ou seja, de forma ordenada e repetitiva.

Num segundo momento, trata-se da aceitação de que, onde existe possível interveniência humana, ela também é regular. Querer, decidir, planejar, perceber, tudo isto não se dá ao léu, na pura subjetividade, mas dentro de regularidades constatáveis. No extremo, elimina-se a possibilidade daquilo que chamamos liberdade de iniciativa no homem. Não precisamos chegar a tanto. Contudo, instalou-se a crença de que o comportamento humano é cientificamente tratável, precisamente porque o cremos regular.

Em última instância, o elemento mais típico da postura científica ocidental é a idéia de que a ciência somente trata aquilo que é regular na realidade. Diziam os clássicos: *"de individuo non est scientia"*, ou seja, não há ciência do indivíduo. Entende-se aí indivíduo como fenômeno irrepetível, não generalizável, aquilo que tem de típico, próprio, particular.

Aí temos um componente importante da construção científica, em termos lógicos: a ciência trabalha por *abstração generalizante.* Abstrai as particularidades e fica com o geral. Todo e qualquer conceito forma-se pela abstração dos casos particulares, centrando-se naquilo que é comum a todos. O conceito de democracia é abstraído dos casos concretos — democracia grega, americana, suíça, socialista —, concentrando os traços comuns e generalizáveis do fenômeno. Na realidade concreta, não encontramos o conceito, mas uma versão histórica factual e particular dele. Não existe na natureza o conceito de árvore; este é produto mental. O que existe são árvores concretas, mangueiras, perobas, ipês etc.

A possibilidade de generalizar baseia-se na crença de que a realidade possui uma ordem interna, que faz dela substancialmente um fenômeno repetitivo. Cada árvore nova que cresce tem um lado irrepetível, à medida que é um indivíduo particular; mas tem igualmente um lado de monótona repetição, razão pela qual identificamos como pertencente ao mesmo conceito, apesar de possíveis individualidades.

A generalização admite níveis variados, no sentido de que podemos identificar traços mais e menos aplicáveis de forma comum. Num lado, podemos dizer que alguns traços são *típicos,* entendendo por eles faces generalizáveis historicamente, ou seja, constatadas na história concreta conhecida. O conceito típico de revolução social seria extraído das identidades comuns das revoluções acontecidas.

É, pois, o caso de uma generalização mais concreta, dentro do conhecimento ou do que se imagina conhecer.

É muito mais forte a generalização puramente *conceitual,* no sentido de uma lei de significado estrito. O que imaginamos ser lei da natureza aplica-se a todos os fenômenos possíveis e não somente àqueles conhecidos. Supomos que valha também para o futuro, inclusive o passado desconhecido. A lei da gravidade, segundo a qual todo corpo mais pesado que o ar cai, não é imaginada válida por causa do conhecimento de casos históricos concretos acontecidos, mas por ser uma característica supratemporal.

Há generalizações ainda menores que as típicas, quando encerradas em determinado momento histórico. Por exemplo, traços próprios da inflação acontecida em março de 1982, do governo Figueiredo etc.

Mesmo aquilo que podemos chamar de estudo de caso não pode ser entendido como a captação de meras particularidades. Pelo contrário, a cata de particularidades serve para depurar generalizações indevidas ou excessivamente abstratas. No fundo, não conseguimos captar cientificamente algo que é somente individual, porquanto teríamos que inventar uma nova ciência para cada individual. Mesmo quando queremos explicar a variação dos fenômenos, o que fazemos praticamente é descobrir formas repetidas da variação. A saber, explicamos pela constância das diferenças, não pelas diferenças mesmas.

Neste sentido, temos a crença de que a dinâmica dos fenômenos não é algo caótico, que acontece dentro do inesperado, totalmente imprevisto; ao contrário, associamos à idéia de movimento a de movimento ordenado. A história não é veleidade; é forma ordenada de acontecer. Assim, não conseguimos explicar a variação, se não descobrimos como invariavelmente varia.

Uma teoria das revoluções sociais acaba ressaltando aquilo que elas têm de comum. É precisamente por isto que aplicamos o mesmo conceito. Tal visão pode levar a uma posição conformista da realidade, mas não é necessária, como veremos depois. De todos os modos, é por isto também que tendemos a dizer que é um modo ocidental de fazer ciência e que talvez pudéssemos imaginar outros.

Ao lado da abstração generalizante é importante ressaltar a crença na relação entre *causa e efeito.* Explicamos um efeito, se encontrarmos sua causa. Em medicina isto é um esquema fundamental. Só conseguimos curar uma doença, se sabemos sua causa; caso contrário, ficamos atirando a esmo. Nem podemos confundir sintomas com efeitos diretamente causais. Por exemplo, dor de cabeça pode ser causada por má digestão, por preocupação psicológica e também por distúrbios na cabeça.

Sobretudo na realidade natural, o esquema causa/efeito é dos mais arraigados. Partindo-se da crença de que chove não por vontades externas ou influências disparatadas, mas de acordo com leis determinantes, formamos a idéia de que o fenômeno da chuva é efeito de uma causa ou de um complexo dado de causas. Se chegássemos a dominar tal complexo, poderíamos fazer chover. No caso de uma área desértica, se alcançássemos descobrir as causas da falta de chuva e se conhecêssemos como se produz chuva, poderíamos mudar o deserto em terra fértil.

Assim colocada a questão, percebemos logo que aí reside uma das profundas expectativas científicas da humanidade, a saber, o domínio da natureza e do homem. De certa maneira, temos nisto a oportunidade de superar a condição de subserviência aos fatos, colocando-os à nossa disposição. A idéia de planejamento está pervadida desta esperança, porque acredita poder influenciar o rumo dos acontecimentos.

A história seria tanto mais "humana" quanto mais seus condicionamentos objetivos fossem dominados pelo homem. A assim dita revolução da agricultura realizou precisamente este salto: em vez de depender cegamente da natureza para nossa alimentação, passamos a produzi-la, dentro de um quadro de conhecimentos possíveis. O homem passou a plantar e assim a garantir melhor sua sobrevivência.

A ideologia do progresso faz parte visceral da ótica científica ocidental. Lateja nela o sonho de dominação da natureza, dentro do refrão típico de que o homem é o rei da natureza. Não é errado ver nisto um projeto latente de dominação e que por isto muitas vezes degenera em agressão à natureza, em agressão ao convívio humano e em agressão a condições necessárias para a própria sobrevivência. Hoje, a maior necessidade tecnológica é a tecnologia para combater os males da tecnologia.

De novo, parece-nos um traço histórico, digamos, ocidental, de fazer ciência. Poderíamos certamente imaginar uma ciência mais modesta, ecológica, pacífica, construtiva do que esta.

A ciência é *nomotética,* porque acredita em "leis" do acontecer. Mesmo uma explosão, que pode parecer algo inesperado, acontece determinada por causas precisas. Não há caos, propriamente, porque, se tiver sido "causado", é efeito produzido e tem traços característicos; possui, portanto, uma identidade que somente é possível com alguma ordem regular.

3.3. CONDICIONAMENTOS SOCIAIS

Parece-nos que não cabe em ciências sociais o conceito de lei ou de causa/efeito, em sentido estrito. Mesmo em ciências naturais, há autores que não aceitam, porque entendem a ciência sempre como proposta hipotética, nunca determinada.[7]

Todavia, é preciso reconhecer que a ciência de estilo ocidental é de tendência determinista, porque acredita que existe na realidade uma estrutura interna repetitiva ou uma ordem subjacente. Quando falamos em regularidades da realidade, estamos usando apenas outro tipo de determinismo, mais aberto, capaz de conviver com a história. Em vez de falarmos em determinantes da realidade, falamos de condicionamentos, nos quais cabe melhor a idéia de probabilidade. O conceito de probabilidade admite efeito contrário, não como exceção, mas como normal, dentro da margem de possibilidades. Se não admitisse o contrário, já seria determinação estrita. Mesmo que a probabilidade de acontecer o contrário seja de apenas 1%, ela é real, assim como, se ganho na loteria esportiva, isto foi um acontecimento muito raro, de baixíssima probabilidade, mas possível. Não teria ganho por exceção, mas dentro da previsão probabilística.

O comportamento social pode variar e até mesmo surpreender. Todavia, predomina a rotina de um comportamento muito mais repetido do que cada dia reinventado. Imaginamos até poder prever o comportamento de certa pessoa ou grupo, porque o supomos regular. Se atentarmos para as técnicas de propaganda, que visam influenciar o comportamento das pessoas, baseiam-se nesta expectativa científica, segundo a qual é possível manipular o fenômeno, controlar, prever. A sociedade não seria planejável, caso fosse um fenômeno de veleidade subjetiva.

Olhando a sociedade do ponto de vista do fenômeno da socialização, que significa a incorporação do comportamento tido como normal, ela aparece como algo surpreendentemente monótono e repetitivo. Predomina a rotina. E isto explica, em parte pelo menos, a estabilidade social e a convivência consensual. Caso contrário, teríamos o constante desencontro, a atitude inesperada que agride a normalidade, o sobressalto desordenado.

Os fenômenos sociais também apresentam uma face relativamente uniforme, que permite sejam tratados cientificamente. Não precisamos negar a vontade livre (relativamente livre) do homem, nem precisamos reduzi-la a fator meramente ocasional. É possível manipular, de forma objetivada, o fenômeno da inflação, da relação entre capital e trabalho, da neurose, do amadurecimento mental, da migração rural-urbana, e assim por diante. Não filosofamos simplesmente sobre tais problemas, a nível de especulação subjetiva. Ao contrário, buscamos seus condicionamentos reais, suas origens, suas fontes. Tentamos reconstituir o caminho de produção dos efeitos estudados. Enfim, usamos o

---

7. K. R. Popper, *The Logic of Scientific Discovery* (Hutchinson, of London, 1965); H. Albert, *Tratado da Razão Crítica* (Tempo Brasileiro, 1977).

esquema nomotético e causal, mas de forma aproximada, adaptado à realidade social.

Se contemplarmos o fenômeno da educação de crianças na escola, dizemos que é tratável cientificamente, porque o que aí ocorre é relativamente regular, previsível, manipulável. Não conseguimos determinar todas as causas ou todos os condicionamentos. Já dizíamos que não é praticável um conhecimento completo. Fazemos inevitavelmente um conhecimento seletivo, de acordo com as relevâncias que imaginamos descobrir, também sob a influência de nossas ideologias. É tão complexo o fenômeno da educação que não poderíamos sequer imaginar a multidão de fatores que o compõem e condicionam.

Mesmo assim, cremos poder manipular de forma relativa e probabilística. Sabemos alguma coisa sobre como motivar as crianças de modo que se interessem pelo trabalho, como fazê-las aprender a ler e a escrever, como implantar normas de bom comportamento, como elevar o rendimento da aprendizagem etc. Evidentemente, tudo isto seria impossível se não supuséssemos uma realidade cientificamente tratável.

Convém, de novo, distinguir entre lados mais lógicos e mais sociais de tais condicionamentos. O que dissemos está mais na esfera da lógica: relações formais entre fenômenos. Aplicam-se às ciências sociais de modo aproximado e, nesta proporção, válido.

Quando falamos de condicionamentos sociais, pensamos, na maioria das vezes, na propriedade "social" deles. Uma realidade socialmente condicionada é aquela influenciada pela ideologia de forma intrínseca, porque não pode expelir objetivamente seu contexto político. Precisamente esta característica faz com que a aplicação dos esquemas lógicos das ciências naturais e formais se apliquem nas ciências sociais de maneira aproximada. A sociedade não é só forma; é antes de tudo conteúdo, história, possibilidade.

De certa maneira, seu tratamento torna-se muito mais complexo, já que o objeto é igualmente muito mais complexo. Facilmente escapa pelos dedos. Os conceitos não possuem contornos estritos. As teorias todas envelhecem. Não há resultados definitivos. Construir uma ponte de concreto ou ir à lua é uma tarefa científica também complexa. Mas é mais complexo, delicado, preocupante a tarefa de produzir e distribuir adequadamente alimento para a humanidade ou conseguir condições para a paz.

Não é assim que a ideologia não possa ser tratada cientificamente. Ela também se repete, pode ser aproximativamente definida, delimitada e até controlada. Mas sua lógica é por vezes a falta de lógica. Nem sempre está nas linhas, mas nas entrelinhas. Não é propriamente mensurável, mas não menos atuante. Está em todas as gretas das ciências sociais, que são, neste sentido, mais um desafio perene do que uma tarefa propriamente dita.

59

3.4. ESTRUTURA E HISTÓRIA

Pertence também a nosso modo de produção científica a crença de que a realidade possui estruturas dadas, ou seja, supra-espaciais e supratemporais. É apenas uma conseqüência da idéia fundamental de que a realidade é ordenada, pelo menos em sua subjacência.

São posturas típicas do estruturalismo e do positivismo, que veremos posteriormente. Faremos aqui uma consideração inicial, no que toca às ciências sociais.

Dizíamos que, quando buscamos explicar a variação dos fenômenos, tecemos um esquema de tendência formal para captá-la. O resultado será que somente explicamos a variação se descobrimos como ela invariavelmente varia.

O conceito de revolução, por exemplo, não escapa a esta sina da ciência ocidental. Imaginamos haver identidades de tal ordem que podemos aplicar a um conjunto de fenômenos o mesmo conceito. Trata-se de mudança da e na história, mas ela não se dá ao léu, em salto sem precedente ou oriunda do nada. Ela se dá condicionada por fatores pelo menos em parte repetíveis e de certa forma regulares, como qualquer fenômeno. Quando o marxista ortodoxo afirma que somente se trata de revolução se houver mudança de modo de produção econômica, está oferecendo um esquema formal para captar tal mudança, ou seja, algo invariante no fenômeno e que constitui propriamente seu cerne. Quando afirma igualmente que o capitalismo se explica basicamente através do fenômeno da mais-valia, imagina ter encontrado a principal identidade deste fenômeno que permite perceber que, apesar de possíveis mudanças na história, ainda é o mesmo. Tivemos certamente muitas fases internas do capitalismo, tais como a do capitalismo nascente, do capitalismo sem intervenção estatal, do capitalismo com mais ou menos fortes intervenções do Estado, do capitalismo pós-guerra, do capitalismo das multinacionais e oligopólico, do capitalismo da crise do petróleo etc. São muitas variações internas, mas dizemos ainda ser no fundo o mesmo fenômeno, porque não perdeu a identidade através da mais-valia. É algo entendido de maneira formal, um esquema que explica a variação história, mas ele mesmo não varia.

Certamente intriga este tipo de problema que a dialética, por exemplo, muitas vezes gostaria de camuflar. Incomoda àquele que deseja primaziar a referência histórica. Todavia, é preciso compor-se com tal característica que talvez não seja necessária à ciência, mas que é componente típico do modo ocidental de produção científica. A idéia de infra-estrutura econômica em Marx perfaz precisamente esta crença, quer queiramos ou não.

Damos o nome de *estrutura* a elementos de ordem formal e que constituem a realidade de modo invariante. Tais elementos apresentam-se de modo sistematizado, ordenado, e no fundo são os responsáveis pela expectativa de regularidade dos fenômenos. São de ordem formal, porque dizem respeito mais às formas do acontecer do que ao próprio acontecer. Nem sempre trata-se de estruturas supra-históricas em dimensão mais totalizante ; podem referir-se apenas a determinado período. De todos os modos, qualquer fenômeno social consegue persistir na história, além de poder ser superado, se for estruturado, ou seja, possua elementos que preservem sua identidade. Assim, a estrutura de uma instituição significa os componentes estáveis dela e ao mesmo tempo fundamentais.

A partir daí, emerge imediatamente a idéia de que estrutura coincide com uma visão fixista da história. Sobretudo quando ligada à ótica sistêmico-funcionalista, aparece como estruturas de funcionamento e sobrevivência de sistemas, através das quais reconstituem seu equilíbrio constantemente e resistem à superação histórica.

De fato, isto pode muito bem acontecer. E, na verdade, predomina em ciências sociais a ideologia da persistência temporal, mais do que da mudança. E é muito compreensível: se ideologia significa principalmente a necessidade de legitimação do poder através de representações mentais que o pintem como necessário e normal, age no sentido de produzir visões sistêmicas da sociedade, porque esta é a lógica do poder dominante.

Mas não precisa acontecer. Mesmo reconhecendo que nossa maneira de produzir ciência agarra-se à descoberta e à manipulação de estruturas explicativas, isto não desfaz a dialética, já que presenças estruturais podem tanto pender ao fixismo quanto ao dinamismo. Se aceitamos que toda formação social é suficientemente contraditória para ser historicamente superável, esta afirmação é de ordem formal também, mesmo que seja embutida numa visão dinâmica; é um esquema explicativo, como qualquer outro, do ponto de vista lógico. Todavia, imaginamos uma estrutura que não baseia o fixismo, mas precisamente o contrário, a saber, estruturas que são a fonte interminável do diamismo social. O reconhecimento da presença estrutural do conflito, da contradição, do antagonismo na sociedade não produz uma visão estática, mas exatamente uma visão de que a sociedade é histórica porque possui um conflito estrutural, que nunca a deixa tranqüila e terminada.[8]

Conflitos estruturais não param a história; ao contrário, produzem-na. Senão, teríamos uma história feita ao léu, de graça, sem precedente. Certamente, existe aí uma espécie de determinismo, simplesmente porque nosso modo de pensar não o dispensa. Para sermos

---

8. E. H. Carr, *Que é História?* (Paz e Terra, 1976); J. Plekanov, *O Papel do Individuo na História* (Rodrigues Xavier, 1971); P. Veyne, *Comment on Écrit l'Histoire* (Seull, 1971); A. Gramsci, *Concepção Dialética da História* (Civilização Brasileira, 1978); G. Lukács, *História e Consciência de Classe* (Escorpião, 1974).

modestos, diríamos que não sabemos, pelo menos por enquanto, pensar de outra forma.

Cada nova fase histórica impõe ao conflito estrutural sua roupagem típica nova (capitalista, feudal, asiática etc.); quer dizer, supera o conteúdo histórico, mas não supera a forma, que é tida por estrutural.

Não existem na história saltos mortais, de tal sorte que a interrupção já não é explicável pelos condicionamentos precedentes. Quando falamos em salto qualitativo, não estamos pensando num ato de criação do nada, mas numa interrupção particularmente profunda que tenha como resultado na fase posterior a predominância do novo sobre o velho. O que acontece na história é historicamente explicável, ou seja, a mudança histórica pode realmente trazer o predomínio do novo mas não sua exclusividade. No fundo, continuamos manipulando, embora de forma aproximativa e adaptada, esquemas lógicos, típicos de nosso modo de ver o mundo: é regido por leis de causa/efeito. Talvez um dia descubra-se que tal crença é resquício de nossas arcaicas posturas teológicas subjacentes. Mas, no momento, o modo ccidental de produção científica assume isto como profundamente típico.

3.5. CIÊNCIA DA REALIDADE

Por serem as ciências sociais em grande parte herdeiras da filosofia, muitas vezes lança-se a suspeita de que produzem mais conversa do que descoberta da realidade. E não será difícil encontrar situações em que determinada ciência social é levada a tais níveis de especulação gratuita e descompromissada, que mais parece não ser ciência da realidade.

Num primeiro momento, tal atitude pode demonstrar um desapreço preconceituoso frente à filosofia. Como forma de reflexão metodológica é de inestimável valor. Não há bom cientista que não saiba "filosofar" sobre sua produção científica. Grande parte da mediocridade de muitas análises sociais está na falta de dimensão filosófica, que o domínio de técnicas estatísticas não substitui jamais. A profundidade da análise, constituída do conhecimento das várias posições teóricas importantes, da reflexão penetrante nos fenômenos sob formas de hipóteses criativas de trabalho, do cuidado metodológico que nada adianta sem argumentar, depende em grande parte de referências filosóficas, pelo menos no sentido do conhecimento relativo do roteiro teórico e metodológico dos modos de produzir ciência.

É claro e notório que a filosofia pode degenerar em especulações irresponsáveis e subjetivistas. Mas esta é a má filosofia. Pensada metodologicamente, a filosofia é instrumento importante para captar mais adequadamente a realidade. E, no fundo, à medida que nossa exposição aqui se vale também da filosofia, é o que esperamos estar fazendo.

Num segundo momento, é preciso ressaltar que o principal pressuposto metodológico da ciência deve ser o propósito de captar a realidade assim como ela é. O que a ciência é e justifica é a descoberta da realidade. No fundo, o que interessa é a realidade, entendida não somente como os condicionamentos que nos circundam, mas também a sociedade nela mesma.

Quando problematizamos a relação entre sujeito e objeto nas ciências sociais, quando reconhecemos que não somos capazes, por razões lógicas e ideológicas, de captar exaustivamente a realidade, estamos na verdade não desistindo da pesquisa, mas preparando condições mais aperfeiçoadas de sua realização. Não queremos esconder-nos atrás de problemas teóricos, metodológicos, empíricos e práticos; pelo contrário, queremos enfrentá-los, de forma que consigamos ainda melhor chegar à realidade. Chegar à realidade significa aproximarmo-nos sempre mais.

Neste sentido, a mestra verdadeira da ciência é a realidade, não os autores, as escolas, as opiniões dominantes. Sequer para a ideologia o conhecimento ideológico pode ser sua meta, porquanto, se a proposta é justificar posições sociais, a melhor maneira de o fazer é dominar da forma mais realista possível a realidade. E é por isto que o disfarce mais importante da ideologia é a ciência. Quase por definição, a ideologia não se apresenta como ideológica. Ainda que fosse uma coerência lógica, não seria coerência social.

Se a realidade é inesgotável, temos sempre que começar de novo. Nenhuma teoria acaba a discussão, apenas a repõe ou a redireciona. O fato comum de que todo teórico se faz a ilusão de ter descoberto a última palavra no assunto é questão social do conhecimento. Não passa de estratégia de convencimento e, bem pensando, prejudica muito mais do que favorece a respectiva teoria. Porquanto aí começa o dogmatismo que se caracteriza pelo fato de reduzir o mundo ao tamanho da própria teoria. Não consegue ver mais do que permite sua teoria. Idéias divergentes passam a ser por definição erradas. E trata como ideológica toda posição que venha de outro lugar.

A partir daí, investe-se o esforço em resguardar a teoria, preservando-a como peça preciosa em perigo. Cerca-se de isenções, como se fosse absolutamente diferente de outras teorias: diz-se não ser ideológica, garante-se que é neutra, propõe-se como insuperável. A discussão crítica sai de cena, porque vale somente reproduzir a verdade do grupo. Torna-se um fenômeno repetitivo, no qual a mediocridade é resultado fatal. Não há mais criatividade. O cientista produtivo é substituído pelo discípulo fiel. A fidelidade à teoria é sempre preferida à sua contestação crítica.

A esta altura, onde está a realidade? Já foi abandonada como parâmetro principal do esforço científico. De um lado, não estranha, porque, sendo as ciências sociais um fenômeno social, inevitavelmente são imiscuídas de ideologia. De outro, aí temos um desafio típico desta área da ciência. A metodologia centra-se em grande parte sobre este desafio, procurando acertar um meio-termo produtivo entre a ilusão das isenções ideológicas e os ideologismos exacerbados. Os cuidados metodológicos — que neste sentido não podem ser exagerados — orientam-se precisamente para tal desafio.

Mais do que nunca, é preciso ressaltar que as ciências sociais de modo particular dependem de um ambiente aberto de discussão crítica e autocrítica. O antídoto à ideologia é a crítica à ideologia. Esta crítica não pode iludir-se com a expectativa ingênua de que já não seria ideológica. Mas, sendo autocrítica, produz o ambiente necessário de criatividade, sem o qual as ciências sociais tornam-se um palco medíocre de autodefesa.

Como em tudo, o espírito crítico pode ser unilateralizado como fim em si. Se é expediente metodológico, é instrumental. Não fazemos a discussão pela discussão, mas como instrumento para preservar a realidade como parâmetro mais fundamental.

Neste contexto, desempenha grande papel a prática, porque ela nos dá ocasião de percebermos até que ponto nossas idéias são quimeras subjetivas. Ao mesmo tempo, tudo isto nos traz a necessária modéstia de reconhecer que o conhecimento científico é tão-somente uma espécie de conhecimento, geralmente considerado superior, porque teria condições melhores de captar a realidade assim como ela é.

Todavia, é sempre possível encontrarmos gente dotada de capacidade mais aguda de tratar a realidade, sobretudo na prática, do que cientistas. A universidade é freqüentemente mais fácil de ser vista como antro de alienações do que como criadora de conhecimentos e práticas reais. Pode produzir montes de pesquisa, para deleite próprio ou sem vinculação nenhuma com a realidade circundante. Pode produzir somente teoria aérea e distante. Pode produzir apenas exercícios acadêmicos, supinamente medíocres. Pode produzir uma casta de cientistas que vivem de uma fama que encobre apenas sua inutilidade social, embora sejam bem pagos, freqüentemente.

Por vezes dispomos de algum conhecimento já sobre certo problema, mas nem por isto o conseguimos resolver. Nem sempre a questão maior é o conhecimento teórico da realidade, mas seu tratamento prático. Por exemplo, não é enigma resolver o problema da universalização da educação básica, considerada obrigatória pela constituição do país. Não se quer com isto dizer que conhecemos de forma suficiente o assunto. Em absoluto. Não existe esta forma suficiente de conhecer qualquer assunto social. Queremos dizer que o problema maior não está na possível maior ou menor ignorância teórica, mas que está na falta de prática coerente, ou seja, na esfera mais política do que técnica.

Se as ciências sociais forem apenas conhecimento teórico, não passarão de erudição. De algum modo, assemelham-se a alguém que resolve decorar o nome de todas as ruas de uma cidade grande, por ordem alfabética. É um feito memorável, mas serve para quê? É erudição inútil e, no fundo, muito pernóstica. Não resta dúvida de que parte considerável de nossas ciências sociais não passa de desperdício de papel escrito, de polêmica, de contestação vazia. Por vezes estão cheias de estudantes apenas porque representam um estudo mais fácil, onde há mais conversa solta que esforço disciplinado.

4
CIÊNCIA E IDEOLOGIA

4.1. A IDEOLOGIA E A NEUTRALIDADE

Tentaremos aprofundar a perspectiva da sociologia do conhecimento, como contraponto aos elementos da teoria do conhecimento. Para as ciências sociais é um tema central, embora possa haver aplicação semelhante às ciências naturais e formais.

Estas não são ideológicas intrinsecamente, como as sociais; podem ser ideológicas extrinsecamente ou no uso que se faz do conhecimento. Este não precisa estar necessariamente ligado a determinada prática. Desenvolver o saber matemático, ainda que não sirva para nada, também faz sentido e é uma parte da ciência.

No entanto, mesmo sendo a ideologia extrínseca no caso das ciências naturais e exatas, não é menos importante vê-las por isto mesmo também condicionadas pela história. O fato de a tecnologia ter-se desenvolvido mais em tempos de guerra, mostra que a ciência progride, batida também pelos interesses da sociedade; é na verdade um projeto de dominação da natureza e do homem. Mas, nas ciências naturais e exatas a ideologia circunda inevitavelmente o conhecimento, porque são construídas também no contexto social; nas sociais, a ideologia impregna o conhecimento no seu íntimo, porque a relação entre sujeito e objeto é no fundo de identidade, não apenas externa.

A sociologia do conhecimento busca captar tais especificidades, lembrando que existe sempre um débito social da ciência. Tal débito é externo ou interno, conforme se trata de ciências naturais e exatas ou das humanas e sociais. Poderíamos simplificar a questão através da vigência do argumento de autoridade. Em si, não é argumento, porque autoridade justifica, influencia, domina, mas não argumenta. Um bom argumento não depende de autoridade alguma. Na realidade, porém, é impensável que as ciências sociais se façam fora do contexto da própria sociedade, levando-se em conta as características desse grupo social, as divisões de poder e de classes, as idéias dominantes os momentos históricos específicos e suas superações, e assim por diante.

Embora haja metodólogos que acreditam haver em ciências naturais também somente interpretações da realidade, condicionadas por noções prévias vigentes e jamais capazes de retirar certeza total da experimentação, parece que há diferenças notáveis entre os dois níveis, como pretendemos crer. Parece-nos que também aí não é possível esgotar o objeto; os conceitos e teorias recortam a realidade e nunca a abrangem toda; néste sentido são sempre interpretações. porque são do tamanho da mão que os constrói. Deste ponto de vista lógico podemos fazer a mesma consideração para as ciências humanas e sociais.

Todavia, a diferença está na relação diferente do sujeito frente ao objeto. A relação de um matemático frente a suas equações é bem diversa daquela de um economista do Terceiro Mundo frente à questão do subdesenvolvimento. Não pode ver-se apenas como expectador; é sempre também ator. O argumento de autoridade apresenta-se na própria construção, e não somente na maneira de construir ou na maneira de usar a construção.

Por isso imaginamos coerente propor para as ciências sociais uma metodologia própria, denominada dialética, que não busca diferença absoluta para com outras metodologias mais próprias das ciências exatas e naturais; ao contrário, convive com elas, delas aprende, mas não abdica de especificidades próprias. Falaremos de dialética adiante. Agora levantaremos questões da ideologia e da neutralidade científica.

4.2. O QUE É IDEOLOGIA?

Não vamos propor-nos a construção de uma teoria da ideologia, mas apenas montar uma visão introdutória, que nos permita entender como a ideologia impregna as ciências sociais.

Ideologia é um sistema teórico-prático de justificação política das posições sociais. Por trás desta visão, manipulamos a idéia de que o fenômeno do poder é algo estrutural na sociedade, no sentido acima definido de estrutura. É componente da ordem da estrutura, quer dizer, um traço invariante na história, já que não há história que não tenha apresentado o fenômeno do poder.[1]

Por mais que revoluções se proponham a superar a questão da desigualdade de poder, na verdade instauram formas diferentes de poder e não chegam a eliminá-lo. Todavia, não é algo estrutural no sentido de preservar uma visão fixista da história; pelo contrário, é

---

1. P. Demo, *Sociologia* — Uma Introdução Crítica (Atlas, 1983), cfr. capítulo sobre ideologia.

67

uma das fontes do dinamismo histórico. A história está sempre em ebulição, porque acossada interminavelmente também por problemas de poder. É um dos conflitos estruturais que mantém a história e a sociedade dinâmicas.

O conflito aparece facilmente na desigualdade interna do fenômeno: não há poder sem um lado menor que mande e um lado maior que é mandado. As relações de mando e de obediência podem variar fortemente, desde formas mais e menos rígidas, desde ditaduras maquiavélicas até democracias muito participativas, mas são todas formas de poder e desigualdade.

A partir daí, percebe-se que o fenômeno do poder, por ser conflituoso e desigual, necessita legitimar-se na sociedade, porquanto o conflito acarreta sempre o risco de reação por parte dos dominados ou dos desiguais. Ao lado da necessidade de legitimação, precisa ainda disfarçar a imposição.

O expediente usado, de modo geral, para institucionalizar sua legitimação e disfarçar a imposição é a produção de representações mentais, de ordem teórica e prática, que levam ao convencimento da sociedade da normalidade e da necessidade da dominação vigente. A isto damos o nome de ideologia. É instrumento de justificação das posições sociais para que se as tomem como funcionais, alcançadas por mérito, necessárias e legítimas. É assim, instrumento de institucionalização das desigualdades sociais e o cuidado constante por parte dos privilegiados de coibir a contestação por parte dos desprivilegiados.

A ideologia tem muitas faces. Do ponto de vista do conhecimento objetivado, é uma deturpação da realidade em nível excessivo. Tal deturpação pode ser maior ou menor; no conhecimento ideológico predomina a parte justificadora sobre a argumentativa; no caso extremo, podemos chegar à mentira e à falsificação consciente e premeditada da realidade. Isto também existe. Encontramos, por exemplo, dados estatísticos inventados ou propositadamente falsificados por uma instituição interessada em não prejud car sua imagem.

Do ponto de vista da prática, a ideologia pode ser falsa consciência, no sentido de escamotear os reais conflitos, o caráter impositivo do grupo dominante e sua exploração dos dominados, as mudanças históricas necessárias, e assim por diante.

Do ponto de vista dos movimentos sociais, a ideologia é instrumento de coesão dos grupos e das classes, à medida que elabora idéias-força que fundamentem uma crença comum, um compromisso mútuo e o entusiasmo do movimento.

Do ponto de vista dos desiguais, a ideologia toma duas direções: vinda de cima, aparece como convencimento da legitimidade das atuais estruturas de poder; vinda de baixo, pode ser a formulação teórica e prática da contra-ideologia, com vistas a subverter as relações de poder.

Tentamos simplificar todos esses matizes no conceito de justificação, que traduz de modo geral o movimento típico da ideologia que é a produção de representações mentais, de ordem teórica, mas sobretudo prática, com a finalidade de institucionalizar posições sociais vantajosas. A justificação procura caracterizar a legitimidade da situação vigente e recorre aos disfarces de possíveis imposições mais severas, evitando a contestação e a mudança de posição.

Disfarces clássicos da desigualdade são, por exemplo, o apelo a uma pretensa ordem natural, que teria produzido sociedades superiores e inferiores, raças mais e menos inteligentes; ou o apelo a uma ordem divina, que teria dado a certas pessoas o dom inalienável de comando na sociedade; ou o apelo a certas idéias que, na aparência, prometem a liberdade, mas a realizam somente para aqueles que possuem condições econômicas para tanto; e assim por diante.

A ideologia é fenômeno necessário, porque é transpiração do fenômeno do poder. Seria eliminável somente se pudéssemos também eliminar o fenômeno do poder. Por isso, dizemos que é ideologia barata tender a acabar com a ideologia, porquanto seria apenas um dos disfarces dela.

Do ponto de vista científico, a ideologia é de modo geral uma expressão errônea, porquanto mais pretende justificar posições do que descobrir a realidade assim como ela é. Desta postura, é deturpação da realidade, normalmente de forma inconsciente. Vale, portanto, a determinação de controlar a ideologia, de a reduzir ao mínimo possível, de distinguir o argumento da justificação. Embora não se elimine, a convivência inevitável deve ser crítica.

Por outro lado, a ideologia pode também apresentar faces atraentes. Se não a podemos evitar, é preferível cultivar ideologias menos deturpadoras e mais voltadas para projetos humanitários. Os ideólogos geralmente não provêm de classes humildes ou se delas provêm, são alçados a estratos mais altos, porque se especializam intelectualmente de tal forma que já não lhes atingem níveis mínimos de sobrevivência. Se assim é, não fica difícil entender por que a ideologia namora preponderantemente o grupo dominante, ou seja, justifica muito mais a estrutura de poder dominante do que a dominada. À medida que o ideólogo pertence ao grupo privilegiado da sociedade, ainda que não extremamente privilegiado, mas que possa viver à sombra dos grandes privilégios, tende a acolitar o dominante. Dispõe-se a elaborar idéias-força em favor do poder, porque participa no fundo do mesmo projeto de sociedade.

Mas é possível o ideólogo que assuma as dores dos dominados, dos oprimidos. Estes dificilmente possuem virtudes intelectuais sufi-

69

cientes para elaborar sua própria justificação, para inventar idéias-
-força, para levantar símbolos catalisadores do entusiasmo popular,
para cristalizar valores que produzam a necessária coesão do grupo.
Ainda que o ideólogo em termos econômicos geralmente continue a
fazer parte da camada mais privilegiada, pode apresentar real identificação ideológica com as classes subalternas, na teoria e na prática.[2]

Nesse sentido, a ideologia pode ser o charme de determinada
teoria, como é o caso da teoria marxista. Partindo-se do ponto de vista
de que é também ideológica como qualquer teoria social, pode-se
aceitar que sua identificação teórica e prática com o problema do proletariado empresta-lhe uma densidade histórica pouco comum e que
explica também a força que tem no mundo científico e político.

Se é também falsa consciência, porquanto sempre possui pelo
menos pequena dose de deturpação da realidade, é sobretudo a maneira de elaborar consciência histórica, de tomar conhecimento do
mundo, de construir sua mundivisão que justifique o modo de ser, de
viver e de pensar. A ideologia produz coesão social, porque torna-se
elemento identificador político. E é por isso que prepondera nela o
lado político. Possui inegável dimensão teórica, no sentido de ser
representação mental e de lançar mão das torias científicas para
sua montagem, mas predomina a pretensão prática, porquanto pre-
tende-se justificar não coisas imaginadas, mas reais privilégios, muito
concretos.

Os privilégios são conquistados ou impostos, não são dados ou
apenas encontrados. Por isso, são periclitantes, historicamente pro-
visórios, de acordo com a conjuntura do poder. Urge legitimar, para
não serem contestados. Urge igualmente disfarçar imposições, para
que se as percebam como normais, legítimas e até necessárias. Ideologia propõe-se a construir uma crença comum em valores que se querem comuns, mesmo que não fossem. Uma ideologia bem montada é o
traço de inteligência do poder. Para se manter, dispõe de muitos instrumentos, da tradição, das instituições vigentes, da imposição física
ou moral, mas igualmente da manipulação ideológica.

Gostaríamos de afirmar que as ciências sociais são inevitavelmente ideológicas, porque são um fenômeno social, como qualquer
outro. Ou seja, são construídas socialmente também ao sabor de um
fluxo histórico movimentado por conflitos da desigualdade social.
São também uma expressão de poder. Contêm uma justificação da
sociedade em que se produzem. Tal justificação não lhes é algo extrínseco, oriundo do possível uso, mas algo intrínseco, interno, da própria tessitura delas. Não há ciência social que não seja ideológica.[3]

---

2. P. Demo, *Intelectuais e Vivaldinos — Da Crítica Acrítica* (São Paulo, Edit. Almed, 1982).
3. P. Demo, *Metodologia Científica em Ciências Sociais* (Atlas, 1980), cfr. sobretudo "Demarcação Científica", "O Argumento de Autoridade" e "Sociedade Provisória — Perspectivas de uma Metodologia Processual Dialética".

Discutimos, pois, não sua isenção, mas o grau maior ou menor de compromisso ideológico. Concentramos nossos esforços não na eliminação dela, mas numa convivência crítica com ela, para que cosigamos aquilo que é parâmetro fundamental das ciências sociais: nelas deve predominar a construção científica sobre a ideológica. Deve haver satisfatório controle ideológico, redução de seus níveis ao mínimo possível, consciência crítica de sua vigência e constante cuidado contra ela.

A ciência é um fenômeno de aproximações sucessivas e crescentes; não somente por questões lógicas de não podermos construir uma comprovação final, porquanto, se não aceitamos um termo primeiro evidente, sua definição subseqüente, traz uma regressão ao infinito, como víamos, mas também por causa da imiscuição ideológica. Não há depuração total da ideologia, mas é uma tarefa tão necessária quanto inacabável.

Quando as ciências sociais levantam a pretensão de se tornarem não ideológicas, objetivas, evidentes, caem no ridículo mais penoso de sua própria construção histórica, porque acabam apenas encobrindo uma nova farsa. Estão apenas fazendo autodefesa, disfarçando novas formas de convencimento do público, camuflando imposições que se desejariam inquestionáveis.

Derrubar uma ideologia também é um projeto ideológico. Justificamos, não porque acabaríamos com o fenômeno da ideologia ou porque não estaríamos comprometidos com alguma forma dela, mas simplesmente porque imaginamos estar imbuídos de uma contra-ideologia preferível. Dizemos "preferível" precisamente porque não saberíamos jamais demonstrar, apenas por argumentos objetivos, que seria "evidente".

Aqui está o elemento principal de distinção entre ciências exatas e naturais e ciências humanas e sociais. E isso justifica uma metodologa própria para elas, embora não absolutamente própria.[4]

4.3. OBJETIVIDADE E NEUTRALIDADE

Dizíamos que, em ciências sociais, não é realizável a objetividade, mas a objetivação, entendida como o esforço e o processo interminável e necessário de atingir a realidade, mais do que retratos fidedignos. Mesmo a imagem de retrato é errônea, porque depende

---

4. C. H. Escobar, *Ciência da História e Ideologia* (Graal, 1978); L. Althusser, "Sobre el Concepto de Ideologia", in: *Polémica sobre Marxismo y Humanismo*, col. Mínima 13 (Siglo 21, 1968); Idem, *Ideologia e Aparatos Ideológicos do Estado* (Tempo Brasileiro, 1976); E. Veron, *Ideologia, Estrutura, Comunicação* (Cultrix, 1970); Center For Contemporary Cultural Studies (org.), *Da Ideologia* (Zahar, 1980); I. Zeitlin, *Ideologia y Teoria Sociológica* (Amorrortu, 1973); P. Lira, *Literatura e Ideologia* (Vozes, 1979); R. Blackburn (org.), *Ideologia na Ciência Social* (Paz e Terra, 1982); J. Rancière, *Sobre a Teoria da Ideologia* (Portucalense, 1971); P. Vilar, *Marxismo e História — Polêmica com Louis Althusser* (Praxis, 1974).

também de outros fatores. Por isso, não conseguimos produzir meras descrições, frias e neutras, que fossem a reprodução perfeita do objeo descrito. Ao falarmos de objeto construído, transmitíamos precisamente esta preocupação.

O processo de objetivação, porém, é o critério interno mais importante de cientificidade. Ao reconhecermos que as ciências sociais são necessariamente ideológicas, não queremos ideologizá-las; queremos desideologizá-las; apenas, isto não traz a eliminação da ideologia, mas a convivência crítica, capaz de colocá-la na construção científica como parte menor.

Neutralidade significa isenção de juízos de valor. Se o que dissemos antes tem fundamento, não há como não reconhecer que as ciências sociais são valorativas. Seu objeto não é nem pode ser neutro. Se existe pelo menos relativa identidade entre sujeito e objeto, não há como imaginar um sujeito que não seja subjetivo, principalmente consigo mesmo. A obsessão pela neutralidade acaba eliminando o sujeito no processo de conhecimento.

Dizemos, pois, que não nos propomos a ser neutros, porque isto seria apenas outra forma de valorar as relações entre sujeito e objeto. É interessante notar que há autores positivistas modernos, sobretudo Albert, que admitem ser a ciência neutra uma opção entre outras possíveis, mas que não é factível fundamentar objetiva e neutramente em favor de uma ciência neutra.[5]

Muitas vezes aponta-se para o fenômeno dos países não alinhados em política. À primeira vista, pareceriam não ter posição tomada. Mas, olhando bem, o não-alinhamento é tão-somente outra forma de posicionar-se, ou seja, a adoção de outra linha de conduta. Não são propriamente países neutros, mas outro bloco de poder.

Todavia, vale para a neutralidade coisas semelhantes que aplicávamos à objetividade. Para estabelecermos distinção entre os dois termos, poderíamos definir a objetividade mais da ótica do objeto e a neutralidade mais da ótica do sujeito. No fundo, traduzem o mesmo problema, apenas visto de pontos de vista diversificados, mas no mesmo contexto.[6]

Em primeiro lugar, é mais racional e realista aceitar o sujeito como não neutro, e a partir daí elaborar a possibilidade de redução da falta de isenção de juízos de valor. Ou, se aceitarmos que a posição da neutralidade é apenas outra opção, o que buscamos é um comportamento mais isento de juízos de valor, não totalmente isento.

---

5. H. Albert, *Tratado da Razão Crítica* (Tempo Brasileiro, 1976).

6. P. Demo, *Metodologia Científica em Ciências Sociais*, op. cit., p. 83 ss.; R. Dahrendorf, "Ciencia Social y Juicios de Valor", in: *Sociedad y Libertad* (Tecnos, 1971); M. Weber, "Die Objektivitaet Sozialwissenschaftlicher Erkenntnis", in: *Soziologie, Weltgeschichtliche Analysen, Politik* (Kroener Verlag, 1964).

Em segundo lugar, se a isenção de juízos de valor é um mito, não seria menos irracional cair no extremo oposto, ou seja, colocar o engajamento como meta exclusiva da ciência. A própria efetividade do engajamento ficaria apenas mais comprometida, caso o cientista não o conseguisse distinguir do conhecimento propriamente dito.[7]

Em terceiro lugar, precisamos caracterizar algumas distinções importantes no trabalho científico, quando nos referimos à questão da neutralidade. Não podemos confundir fato e valor, mesmo que na vida real todo fato, ao ser interpretado de forma contextuada socialmente, não escape pelo menos de laivos valorativos. Mas, logicamente, são dois fenômenos distintos.

Para percebermos a distinção, basta olharmos para a impossibilidade de deduzirmos um do outro. De um fato não segue um valor, e vice-versa. Por exemplo, do fato de que toda a história conhecida tenha sido marcada pela desigualdade social não segue que assim deva ser. Do fato de que a mulher até hoje aparece socialmente submissa não segue que assim deva ser.

Ao mesmo tempo, se considerarmos a paz um valor, não segue que de fato exista paz. Ou, se consideramos os direitos humanos um valor inalienável e reconhecido pela ONU, não segue que sejam respeitados concretamente.

Não podemos também confundir meio e fim, por mais que na prática ambos apareçam no mesmo contexto e indiferenciáveis. Mesmo que um meio venha constantemente ligado a um fim específico, ainda aí cabe a distinção. Tomemos o exemplo da tecnologia, que é da ordem dos meios. Pelo fato de ser empregada preponderantemente para fins destrutivos, isso não quer dizer que não poderia ser empregada para fins não destrutivos. É logicamente errado tornar o meio um fim em si, ou o contrário. O crescimento econômico parece ser um meio de desenvolvimento, embora seja continuamente transformado em fim de si mesmo.

Seja como for, a questão dos meios está sempre a reboque dos fins, na prática, onde as coisas aparecem vinculadas. Não discutir os fins, por razões de neutralidade, é simplesmente adotá-los e já não neutramente. E aí emerge uma questão importante para as ciências sociais: não podem ser vistas somente como instrumento de conhecimento e de manipulação da realidade, isentando-se da ideologia e do uso que venha a ser feito delas.[8]

Dizíamos já que as ciências sociais (e talvez também as outras) são um projeto também social, ou seja, de justificação das estruturas dominantes de poder. O que mais produziram até hoje foram certamente técnicas de controle social, através das quais se pode influenciar os outros (técnicas psicológicas de propaganda, de manipulação

---

7. H. Japiassu, **O Mito de Neutralidade Científica** (Imago, 1975).
8. J. Habermas, **Conhecimento e Interesse** (Taha, 1982).

comportamental, de penetração subliminar, etc.), se pode evitar mudanças indesejadas de cima (técnicas de socialização, de cooptação política, de manipulação de movimentos sociais, etc.), se pode produzir o especialista adaptado (o técnico que não discute fins, o burocrata apenas administrador, o economista apenas gerente, etc.), e assim por diante.

Acreditar numa universidade cientificamente neutra é literalmente "cair no conto do vigário". A posição de neutralidade ou é maliciosa, de quem busca aí uma estratégia de aceitação não contestada, ou é ingênua, de quem não percebe o engajamento da neutralidade.

Dois extremos nos parecem prejudiciais ao processo científico. De um lado, aparece o extremo ingênuo ou malicioso da neutralidade. Faz sentido o esforço e o processo de formação de um sujeito que saiba criticamente perceber seus engajamentos, reduzindo a incursão excessiva de juízos de valor. As técnicas de coleta e de mensuração dos dados, de experimentação, de observação, de tratamento empírico e estatístico foram em grande parte inventadas para coibir a incursão valorativa nas ciências sociais. Possuem nisto grande mérito, desde que não queiram simplesmente imitar as ciências exatas e naturais, reduzindo a realidade social àquilo que seria observável e experimentável. Desde já não saberíamos estudar a ideologia e os valores, porque dificilmente os reduzimos a expressões mensuráveis.

De todos os modos, é importante a análise tranqüila, relativamente distanciada, ponderada, de alguém que toma como mestra básica a realidade assim como ela é, não assim como gostaríamos que fosse. Essa atitude é construída através de um processo de treinamento, ao qual serve em grande parte o tirocínio universitário. Todavia, não pode ser assumida como atitude tendencial, dada, não problemática. O ponto de partida realista é o contrário: tendencialmente interpretamos em excesso a realidade, no sentido de vê-la muito mais com a cor esperada ou desejada do que a partir dela mesma.

Assim, uma atitude analítica, teórica e prática tranqüila significa o produto de uma consciência crítica, capaz de aceitar suas tendências a forçar os fatos a seu favor. É uma ascese constante, não um resultado definitivo, como muitas vezes se tem a impressão de cientistas sociais que se imaginam evidentes e objetivos.

De outro lado, aparece o exremo do engajamento ativista, sem preocupações teóricas, colocando a prática à revelia da teoria. É preciso ter em mente, em primeiro lugar, que o engajamento não precisa ser ideologicamente o desejável, porquanto pode haver o cientista social tanto engajado no nazismo quanto na democracia. Assim, o engajamento em si não precisa ser "bom". Em segundo lugar, o engajamento não precisa ajudar nem atrapalhar o conhecimento e a manipulação da realidade. Não precisa ajudar, se já for ativismo desorientado, prática sem reflexão crítica, ação pela ação. Não precisa atrapalhar, se for crítico e autocrítico, e aí pode até mesmo ser a grande inspiração científica.

No meio destes extremos, podemos apresentar uma posição intermédia, ligada à postura hermenêutica.[9] Esta caracteriza-se pelo bom nível da indagação teórica e crítica, mas não se desvincula nunca dos condicionamentos da prática e do contexto das coisas. Distingue forma de conteúdo, fato de valor, meio de fim, mas não perde de vista que na prática real tudo aparece num só contexto. Não há conhecimento ulterior sem conhecimento prévio, sem tradição. Nenhum texto tem em si somente toda sua explicação. As linhas não dizem tudo. As entrelinhas por vezes dizem mais. O sentido do discurso não é uma forma transparente e definitiva, mas também um conjunto de ressonâncias, que precisamos buscar igualmente fora e antes dele.

Não há teoria sem prática, e vice-versa, mas ambas possuem níveis próprios de densidade. Não se pode embaralhar as duas, nem separá-las de forma estanque. A hermenêutica procura ligar fios da meada, compor quadros contextuais de compreensão, pesquisar as gretas das palavras e do discurso, ouvir ressonâncias que vêm de longe, de antes, do meio ambiente.

Funda a perspectiva da objetivação, que está num meio-termo entre a objetividade neutra e o engajamento confuso. A prática não substitui a teoria e vice-versa. Para transformarmos "bem" a realidade é preciso conhecê-la "bem". Mas não é assim que primeiro necessitamos conhecer, depois transformar. As coisas na prática são concomitantes; é muito possível e desejável conhecer praticando e praticar conhecendo.

4.4. A CIÊNCIA É UMA UTOPIA

Para o tipo de posição metodológica aqui fundamentada, o conceito de utopia é importante. Significa a presença de processos intermináveis na realidade, idealizados acima das reais possibilidades históricas, mas importantes para conservarmos a historicidade do processo.[10]

Dizíamos que a ciência é uma questão de aproximação sucessiva e crescente da realidade. Nunca a esgota, seja por razões lógicas, seja por razões sociais. Todavia, fazemo-nos sempre a idéia de uma ciência perfeita, aquela que nos desse o conhecimento completo da realidade e a possibilidade de domínio prático total. Criticamos as teorias conhecidas, porque encontramos defeitos. Mas se todas têm defeitos, também a teoria que apresentamos em substituição a outra, por que nos dedicaríamos a superar constantemente as teorias?

---

9 J. Habermas, *Zur Logik der Sozialwissenschaften* (Suhrkamp, 1970).
10. P. Demo, *Metodologia Científica em Ciências Sociais*, op. cit., p. 25 ss. e 184 ss.; R. Dahrendorf, "Além da utopia", in: *Ensaios de Teoria da Sociedade* (Zahar, 1974); P. Furter, *Dialética da Esperança* (Paz e Terra, 1974).

Mesmo que tenhamos de conviver sempre com o erro, é a utopia da verdade que nos impele a combatê-lo sempre. Como utopia, é por definição irrealizável. Mas é preciso, nesse sentido muito importante, para manter acesa a luz que interminavelmente busca uma ciência mais aceitável.

Definir a ciência como processo significa vê-la como um incessante vir-a-ser, como uma fonte imorredoura de indagação sobre a realidade, como um movimento sempre a caminho e em constante questionamento da realidade e de si mesma. Morreria a ciência se colhesse resultados definitivos, como morre, por exemplo, no dogmatismo ou no conformismo, ou no mimetismo. Continuamos sempre a pesquisar, a desvendar novas facetas do real, a questionar o que já fizemos, porque acreditamos que não existe a última palavra, ou seja, não há na prática a verdade, a evidência, a certeza.

A criatividade científica é a filha legítima da utopia da ciência. Criar significa não submeter-se aos parâmetros do já conhecido, do já visto, do já acontecido. Quer dizer contestar as coisas como se apresentam e partir para outra alternativa de composição. Quer dizer não tomar a história passada como parâmetro do futuro. Quer dizer acreditar no novo, no insperado, na virada, no salto qualitativo.

Do contrário, estaríamos condenados ao dogmatismo, ao fanatismo, à imitação, à reprodução das coisas. E por isso, também, não é possível reduzir as ciências sociais à mera defesa de um projeto de dominação e de desigualdade. A ciência que queremos é aquela dos nossos sonhos, capaz de produzir conhecimento e prática que garantam uma sociedade habitável, menos conflituosa, menos desigual.

Também por causa disso, as ciências sociais não podem ser mera discussão de meios, em vista de fins não discutidos. Não podem ser apenas treinamento profissional. Pelo contrário, devem ser formação educativa de cidadãos capazes de definir seu destino. A discussão crítica e autocrítica é metodologia básica, na qualidade de expediente fundamental para preservar o processo científico aberto e criativo e não excessivamente subjugado a ideologias de autodefesa.

A ciência não é, pois, a acumulação de resultados definitivos. É principalmente o questionamento inesgotável de uma realidade reconhecida também como inesgotável. Sobretudo, as ciências sociais são nesse sentido um corpo irrequieto, intranqüilo, curioso. Seu charme está em não poderem ser frias, estáticas, neutras. Não conseguem apenas descrever problemas. Sempre também provocam a enfrentá-los. São muito mais um desafio ao homem do que a guarda de resultados obtidos e armazenados. Conseguem reinventar-se. Muitas vezes são azedas e impertinentes. No fundo, são históricas, ou seja, irrequietas e criativas como a própria história.

5
TEORIA E PRÁTICA

5.1. OBSERVAÇÕES INICIAIS

Uma das características das ciências sociais é de terem uma vinculação intrínseca com a prática, de tal ordem que a omissão prática torna-se inevitavelmente uma espécie de prática. O descompromisso é uma forma de compromisso, já que a isenção é no fundo outra forma de tomar posição.

Nas outras ciências a prática aparece extrinsecamente à construção científica, ao nível do seu uso e da posição política do cientista como cidadão. Por ser extrínseca não é menos importante, nem precisa ser menor o compromisso. Mas, do ponto de vista metodológico, é muito diferente, como víamos.

Existem, por outra, práticas que não são políticas ou tendencialmente políticas. Há as profissionais, dedicadas ao treinamento, ou aquelas experimentais, dedicadas à verificação de hipóteses teóricas, e assim por diante. De todos os modos, sua importância para as ciências sociais é capital, porquanto marcam com profundidade a relevância das ciências sociais para a sociedade, bem como o tipo de metodologia científica que lhes cabe.

5.2. A IMPORTÂNCIA DA PRÁTICA

Para as ciências sociais, uma teoria desligada da prática não chega sequer a ser uma teoria. E é nesse sentido que muitos diriam ser a prática o critério da verdade teórica.

Foi inventada a expressão "prática teórica" sobretudo como autodefesa de cientistas que se imaginam apenas dedicados à teoria, enquanto outros se dedicariam à prática. Segundo essa postura, alguns

77

privilegiados pensam, outros menos dotados "carregam o piano". Não se pode negar que existe em ciências sociais uma tendência histórica à fuga teórica, com medo da prática. A pretensa revolução é feita apenas na sala de aula: fora dela, a vida continua como se nada tivesse a ver uma coisa com a outra. Por outra, muitas vezes a crítica não passa de charme modista, porque não acarreta nenhuma conseqüência prática. Tudo isso acaba transmitindo às ciências sociais a imagem de atividade parasitária e inútil que freqüentemente têm e não sem razão. Podem ser incapazes de resolver um pequeno problema prático, embora saibam virtuosamente criticar tudo, encontrar defeitos em tudo, deterger tudo. São tão mestres da destruição quanto covardes da construção. Por isso mesmo, a prática é algo muito importante.

No entanto, não se pode afirmar que a prática é o critério da verdade pura e simplesmente, já que de uma mesma teoria se podem deduzir várias práticas, inclusive contraditórias. Ligar o verdadeiro necessariamente ao prático é assumir acriticamente a variedade das práticas. Da mesma teoria marxista, por exemplo, deduzem-se práticas até contraditórias — digamos, a versão soviética e chinesa —, que pretendem ser verdadeiras. Assim, o mero fato de serem práticas não lhes garante o título de verdadeiras. Esse problema ganha dimensão mais explícita, se tentamos vislumbrar uma relação dialética entre teoria e prática.

A teoria usa conceitos teóricos, obviamente, ou seja, abstratos, mesmo que os tenha retirado do concreto, porquanto não se põe a explicar situações concretas individuais, mas a regularidade do acontecimento concreto. Não há como escapar ao nível abstrato da teoria, que funda também sua capacidade de generalização. Talvez se pudesse até taxar esta óptica de vício da ciência de tipo ocidental, mas no momento não sabemos fazer ciência de maneira diversa, mesmo que a revistamos de dialética. Esta também não escapa a certa dose de formalizações, embora seu fenômeno privilegiado sejam as transições históricas.

Nesse sentido, de toda teoria pode emanar uma aura de descompromisso com a realidade concreta. Uma teoria da revolução não pode apenas explicar a revolução russa, porque esta seria um dos casos subsumidos pela teoria; embora respeitando as individualidades históricas — aquilo que cada revolução tem de irrepetível —, a teoria coloca-se acima do caso concreto.

A prática, por sua vez, é sempre uma das aplicações possíveis da teoria. Nenhuma prática esgota a generalidade da teoria, sendo, pois, uma das fórmulas históricas de aplicação da teoria. Em nenhuma prática esgota-se a teoria marxista, freudiana, piagetiana etc. Cada uma contém sua verdade histórica, mas nenhuma poderia reivindicar exclusividade histórica, do ponto de vista científico, embora todas façam isto do ponto de vista ideológico.

Assim, prática vem entendida aqui preferencialmente na sua óptica política, de compromisso com realidades históricas determinadas na acepção ideológica. Recai por isso sempre na exclusão de outras possibilidades reais. Não se pode praticar a teoria em sua generalidade. Na prática não temos, portanto, "o" marxismo, mas marxismos variados, todos com pretensões de serem interpretações fidedignas de Marx. Trata-se, portanto, na prática, de interpretações, ou seja, contextos ideológicos que privilegiam determinadas posições em detrimento de outras. Ao mesmo tempo, isso leva a excluir outras práticas como errôneas, ou pelo menos com dose menor de acerto. Se tomarmos como exemplo a questão bíblica, vista da óptica metodológica, não de possível fé, parece clara tal conseqüência. Não pode haver interpretação única, a não ser sobre a base de um argumento de autoridade. Cada interpretação imagina ser a verdadeira, e busca excluir as outras. Não se pratica a Bíblia na sua pureza teórica, mas dentro de uma interpretação específica.

O compromisso histórico da prática significa também "sujar as mãos", porque se deixa a pretensa pureza da teoria e desce-se ao terra-a-terra, embrenhando-se em compromissos ideológicos sempre criticáveis por definição. No fundo, é uma qualidade essencial do teórico que busca superar a alienação. A teoria pode dar a impressão de pureza, exatamente porque pode fugir aos condicionamentos concretos de sua relativização; mas se ficar apenas nisso, torna-se falsa a impressão de pureza, porque o pretenso descompromisso acaba sendo um compromisso com a situação vigente. Torna-se, no fundo, uma "sujeira" ordinária, porque nem sequer sabe disto, quando ingênua, ou usa o descompromisso como estratégia da manutenção da posição, quando maliciosa.

A grandeza da prática está em completar a teoria, submetendo-a à prova concreta, para se poder verificar se o discurso tem reais condições de manipulação da realidade, mas está, sobretudo, na dimensão política de realização ideológica, no sentido de coerência lógica e social. Somente ela pode dizer se uma teoria é pura invenção gratuita, mesmo que esse teste não possa ser definitivo, porque já seria exigir demais da ciência.

Duas, pois, são as grandezas da prática: de um lado, o teste da realidade concreta, através do qual experimentamos se estamos diante de um objeto construído ou de um objeto inventado e alienado; de outro, a realização da coerência ideológica, através da qual cumprimos o que prometemos na teoria.

A miséria da prática está em estreitar inevitavelmente a riqueza da totalidade teórica e de introduzir as determinações sociais do fenômeno científico. Prática é sempre apenas uma versão, uma das interpretações concretas possíveis. Apela para o argumento de autoridade, à medida que precisa excluir as outras práticas como menos aceitáveis. Qualquer compromisso histórico precisa assumir as misérias da história: toda prática contém contradições, concessões, dogmatismos etc., "defeitos" sem os quais não se pode fazer história. Toda prática é inevitavelmente ideológica, porque, não se podendo demonstrar em definitivo que seja a única prática possível a partir de certa teoria, sua manutenção está necessariamente ligada ao esforço diário de legitimação da ordem implantada e de defesa das posições diretivas conseguidas na história. Claramente, será ideológica a tentativa de mostrar que certa prática histórica seria a única aceitável na história.

Tais misérias da prática costumam apavorar os teóricos. Em primeiro lugar, porque se sentem expostos à crítica, já que, sendo a prática uma opção entre outras e não esgotando nunca a realidade toda, é criticável por definição. Uma das maneiras de fugir à crítica é não fazer nada. É ver o mundo através da janela da sala de aula ou através das discussões livres dos barzinhos, de acordo com a moda intelectual do momento. Em segundo lugar, a prática dá trabalho. Supõe arregaçar as mangas e cumprir o que se dizia na teoria. Mais fácil é especular, escrever livros, suscitar polêmica. Em terceiro lugar, a prática compromete, no sentido de poder levar à glorificação ou execração históricas. Nada praticar pode ser um expediente para fugir à condenação histórica, como se isto não fosse igualmente um compromisso condenável. No fundo, é a arte de não se comprometer com nenhum lado, ficar "em cima do muro", para sacar vantagens de tudo. É a estratégia de jogar sempre no time que vence.[1]

Fazer apenas teoria também é uma prática, mas uma prática alienada. Alienação, contudo, não é descompromisso, mas uma forma incoerente de compromisso, ingênuo ou malicioso. Teoria alienada é precisamente aquela que não busca o teste da prática, nem realiza a coerência ideológica. A docência também é uma prática. Dizemos que é alienada, se prega em teoria a revolução, por exemplo, e na prática não aparece conseqüência alguma. Será alienada também se, pregando-se crítica, não aceitar ser criticada. É isentar-se daquilo que aplica aos outros. Podemos dizer que somente em teoria existe "a" democracia; na prática temos democracias relativas, realizadas em condicionamentos históricos concretos, por definição imperfeitas e lábeis, criticáveis e superáveis como sempre. É pura teoria imaginar o governo do povo, pelo povo e para o povo. Na prática, todas as versões ditas democráticas no máximo aproximam-se desse ideal (utopia) teórico e acabam por justificar uma forma de dominação, ocasionalmente menos repressiva. Todavia, a história não pode admi-

---

1. P. Demo, *Intelectuais e Vivaldinos — Da Crítica Acrítica* (Almed, 1982).

tir apenas a infindável discussão teórica. A discussão sobre democracia deve parar em certo momento e partir para a sua realização. Tal realização assume inevitavelmente compromissos criticáveis, envolve-se com uma estrutura de dominação, com condicionamentos históricos, alguns superáveis, outros insuperáveis, como a necessidade de defesa da prática contra outras práticas. É uma das manhas clássicas do teórico permanecer apenas na discussão geral, evitando descer à prática, com medo do compromisso histórico. A prática inevitavelmente se expõe, tende ao fanatismo, exalta estruturas hierárquicas, pode ser obtusa porque só conhece como real o que manipula concretamente; mas tem seu lado grandioso: a coragem de assumir a condenação histórica, a crítica. A teoria pura, além de não existir, ao imaginar-se por cima dos compromissos, torna-se, por isso mesmo, algo sempre mais condenável, porque a pretensa falta de compromisso é sempre um compromisso ingênuo ou maldoso.[2]

Neste mesmo contexto, coloca-se a discussão sobre verdadeira e falsa consciência. A noção de verdadeira consciência somente pode ser definida num plano de realização histórica, o que equivale a dizer que não vai além de uma verdade histórica. Concretamente não se pode definir uma ciência como absolutamente verdadeira, porque seria instalar o dogma como resultado principal do processo científico. Historicamente, porém, pode-se fundamentar o caráter mais verdadeiro de uma consciência, tendo em vista o critério relativo da prática. Tal critério é apenas relativo, também porque varia na história, sobretudo porque a prática não substitui a teoria. No caso do marxismo, por exemplo, pode-se atribuir ao proletariado consciência verdadeira, por uma série de razões que são mais da ordem da justificação do que da argumentação: por tratar-se da classe majoritária, ou daquela capaz de superar o conflito básico, ou daquela que é portadora da contradição principal da história conjuntural etc.

Todavia, é preciso ver que a definição de verdadeira consciência não pode ser feita sem o apelo à autoridade, que acaba sendo a justificação preponderante do que é ou não é verdadeiro. Aí coloca-se o problema complicado de atribuir consciência verdadeira ao partido, que assume a postura de marco divisório: os que com ele concordam são "verdadeiros", os que criticam são "falsos". A ciência verdadeira passará a ser aquela que favorece a orientação do partido; a outra será reacionária. Não sendo a prática um fenômeno espontâneo, necessita de organização política. Tal organização acarreta o reconhecimento de uma estrutura de poder, diante da qual haverá mais submissão do que contestação.

---

2. A. S. Vazquez, *Filosofia da Práxis* (Paz e Terra, 1977); F. Chatelet, *Logos e Práxis* (Paz e Terra, 1972); U. Eco, *Apocalipticos e Integrados* (Perspectiva, 1976); M. Lowy, *Para una Sociologia de los Intelectuales Revolucionarios* (Siglo 21, 1978); K. Kosik, *Dialética do Concreto* (Paz e Terra, 1976).

Muitos marxistas tenderiam a ver na União Soviética mais falsa do que verdadeira consciência, bem como nos trabalhadores europeus, pelo fato de se terem inserido na classe média e não desejarem mais a superação do sistema capitalista.

Insistir apenas no contrário, contudo, é sair da história e imaginar-se assistindo-a de camarote. É preciso recolocar a questão ideológica: um dos resultados importantes das teorias sociais é a legitimação de estruturas dominativas, revolucionárias, reformistas, conservadoras, ou reacionárias. Toda prática pode ser vituperada e não sem mesquinharia histórica. Mas é ela que dá a têmpera à teoria e faz do teórico um elemento aproveitável, precisamente porque o faz condenável na história. Para sermos práticos, precisamos ser "partidários". Assumimos as virtudes e vícios do "partido". Sem pelo menos algum "fanatismo" não se pratica nada. Se a prática também estreita e trai a teoria, igualmente a realiza.

Essa dialética não pode ser perdida de vista. A teoria não substitui a prática e vice-versa. São níveis com certa autonomia, como pólos de um todo dinâmico. Assim, nada é tão proveitoso para uma teoria como uma boa prática, e vice-versa.

Ao mesmo tempo, não existe coerência perfeita entre teoria e prática, porque o homem não é tão lógico quanto social. Em tudo há pelo menos alguma dose de alienação. Somente o santo é muito coerente, porque faz o que diz, de modo geral. Na prática, porém, a teoria é "outra", conforme se crê, quase ao nível de provérbio. Os simples mortais são apenas relativamente coerentes, o que quer dizer que há sempre uma taxa perceptível de divergência entre o que se pensa e o que se faz.

5.3. A POSIÇÃO SOCIAL DO CIENTISTA

O cientista social, de modo geral, faz parte de uma elite social. Muito simplificadamente, há três blocos de elite na sociedade. A mais importante é a elite econômica, fundada na posse dos instrumentos de produção da riqueza. A seguir vem a política, que ocupa as posições mais centrais do cenário político do Estado. A elite intelectual é formada de modo geral por pessoas que alcançam a formação superior e, com ela, posição de destaque na sociedade. Os cientistas sociais não se colocam entre os intelectuais de maior prestígio, mas ainda assim fazem parte desse tipo de elite.

Detêm, assim, uma dose relativa de influência social, geralmente menor e até bem menor que a elite econômica e política. Nesse sentido são beneficiários do sistema, significando o acesso à formação superior um privilégio incontestável. Tal privilégio não depende em primeiro lugar da dotação intelectual da pessoa, mas certamente de suas posses econômicas ou de suas ligações políticas, o que mostra ser ainda mais privilegiado, no sentido de ser conquistado e mantido também às custas da maioria da sociedade.

Se admitimos que nossa consciência é condicionada também pela nossa posição social objetiva, dentro do sistema produtivo e político, temos de admitir igualmente que propendemos, como beneficiários do sistema, muito mais a justificá-lo do que a contestá-lo. Não temos propriamente a consciência que decidimos ter, mas aquela condicionada objetivamente pela realidade econômica e política que nos cerca. Mesmo o pobre que consiga galgar à posição de elite intelectual passa a assumir tendencialmente consciência de intelectual. Poderá ter identificação ideológica com os pobres, mas já não é pobre.

No fundo, podemos dizer que as ciências sociais são um projeto pequeno-burguês, no sentido da pequena burguesia. Não é capitalista, porque se tem capital, tem-no em quantidade relativamente pequena; de modo geral, é assalariada, embora bem assalariada. Não é proletária, porque não se aplica a ela o salário de sobrevivência e a situação de exército de reserva. Ainda que possa ter-se originado do proletariado, um proletário intelectual é muito mais intelectual do que proletário. Propenderá a assumir consciência pequeno-burguesa.

Consciência pequeno-burguesa significa precisamente tendência à identificação com a burguesia, da qual retira relativos favores, pelo menos salários elevados. Exagerando e caricaturando as coisas, se é verdade que tendemos a ter nossa consciência no bolso, isso se aplica igualmente ao cientista social, que é um cristão qualquer do ponto de vista social. A partir daí, fica fácil constatarmos que muitos cientistas sociais justificam qualquer projeto social, desde que sejam bem pagos. São capazes de justificar qualquer ideologia, se isto lhes for favorável.

Não faltam na História os exemplos. No tempo do nazismo, parte considerável dos sociólogos alemães aderiu ao nazismo e o propagou com vigor. Não faltam psicólogos capazes de aperfeiçoar técnicas refinadas de "lavagem cerebral" para fins políticos escusos. Não faltam educadores que se dispõem à manipulação mais crua do comportamento das crianças. Não faltam economistas que se prestariam a mostrar que o salário mínimo é suficiente para uma família pobre. Não faltam antropólogos que aprovariam a erradicação da cultura indígena.

Não é fácil mostrar que as ciências sociais tenham de fato favorecido a construção de uma sociedade mais igualitária, mais fraterna, mais pacífica, e assim por diante. Normalmente, a pesquisa sobre pobreza favorece muito mais o pesquisador do que o pobre. O conhecimento econômico, que talvez possa ser considerado muito avançado, é talvez mais usado como técnica de aumento da produtividade do que como técnica de satisfação das necessidades básicas. De modo geral, possivelmente diria que as ciências sociais servem mais como controle social, no sentido de apresentar elementos úteis à manutenção dos privilegiados vigentes do que como mudança em favor dos desprivilegiados.

Se isto é correto, fica igualmente mais fácil entender o divórcio freqüente entre teoria e prática. Pode ser muito útil ao cientista social apresentar uma imagem de revolucionário, de contestador, de avançado, porquanto isto lhe dá aplausos, lhe confere o atestado de atualização, lhe oferece maior mercado de venda dos livros etc., desde que não lhe seja exigida a prática correspondente. Se isso for feito, a maioria desiste da teoria, porque não se dispõe a arriscar seus privilégios. A tendência natural do pequeno-burguês é conservadora, por vezes até reacionária ou também reformista, e muito raramente revolucionária, por mais que assim se pregue na teoria. Aí a prática é critério importante, tanto como teste empírico quanto como coerência ideológica.

Não é de estranhar-se, pois, que as ciências sociais se aninhem num projeto de dominação da sociedade e sirvam preferentemente à justificação dos dominantes. Dificilmente sairia da universidade a revolução. Esta sai dos desprivilegiados, que são os verdadeiros interessados e possivelmente não têm nada a perder. Os cientistas sociais geralmente têm a perder e por isso se preservam. Todavia, é possível a identificação ideológica, quando prática. E não seria nada mais que coerente.

O que dissemos acima leva a verificar algo em que insistimos desde o início. As ciências sociais são diferentes das outras, entre outras coisas, porque são ideológicas intrinsecamente. Por mais que se esforce em ser objetivo — e assim deve ser —, o cientista social, quando estuda a sociedade, envolve-se com ela, porque no fundo se envolve consigo mesmo. A dialética entre sujeito e objeto marca profundamente esse relacionamento, que é diferente do relacionamento entre um cientista natural e uma formiga ou uma pedra.

Não cabe ao cientista social uma atitude de neutralidade e de objetividade, tanto porque do ponto de vista do objeto já aparece ideologizado na respectiva prática histórica como porque do ponto de vista do sujeito não há como declarar-se neutro consigo mesmo.

O cientista social pode ignorar sua posição social e seu relacionamento com o objeto, pode camuflar, pode deturpar, pode mentir, pode buscar isenção; mas tudo isso apenas reforça a constatação: a própria omissão é uma forma de envolvimento. Conclusão: é preferível aceitar-se ideólogo e a partir daí controlar-se a cair nas próprias redes da ideologia.

6
ELEMENTOS DA METODOLOGIA DIALÉTICA

6.1. OBSERVAÇÕES INTRODUTÓRIAS

Nada mais fazemos aqui do que introduzir brevemente a metodologia dialética. Cremos ser a metodologia mais correta para as ciências sociais, porque é aquela que, sem deixar de ser lógica, demonstra sensibilidade pela face social dos problemas.

No contexto das metodologias, é claro, trata-se de uma entre outras, cuja excelência precisa ser fundamentada, não suposta. Ademais não existe somente uma dialética, por exemplo, a marxista. Se assim fosse, já não seria dialética. E, mesmo dentro do marxismo, não há unidade em torno do que seria dialética, a partir do próprio Marx. Tentamos fundamentar aqui um tipo de dialética, não marxista, embora compartilhe de muitos componentes do marxismo. Poderíamos cunhar esse tipo de dialética de *histórico-estrutural*. Explicaremos isso a seguir.[1]

No contexto das ciências sociais não é a metodologia predominante. Ela tem alguma predominância em países do Terceiro Mundo, por razões sociais, a saber, por prestar-se melhor a compreender suas contradições e alicerçar o desejo de mudança histórica. Encontra-se também nos países avançados, mas predominam outras metodologias, sobretudo as de orientação funcionalista-sistêmica, estruturalista ou positivista.

De modo geral, admite-se ainda que a dialética é propriamente uma metodologia social, no sentido de que não seria adaptável, de forma adequada, às ciências exatas e naturais. Sempre houve o esforço de colocar a dialética como capaz de substituir as outras no campo total das ciências. É conhecida, por exemplo, a obra de Engels

---

1. P. Demo, **Metodologia Científica em Ciências Sociais** (Atlas, 1980), p. 142 ss.; idem, **Sociologia — Uma Introdução Crítica** (Atlas, 1983).

85

sobre a dialética da natureza, na qual a aplica a todas as ciências. Cada vez mais aceita-se que sua aplicação é mais fecunda ao fenômeno histórico, como definido aqui. Não quer isso dizer que não se possa colocar a discussão a respeito de sua aplicabilidade a todas as ciências, até mesmo à matemática, e sobretudo sobre a possibilidade de as ciências exatas e naturais aproveitarem elementos da dialética.

6.2. PRESSUPOSTOS INICIAIS

Toda metodologia supõe uma concepção de realidade, sem o que não teria o que explicar. Isso acontece também com a dialética, que supõe uma visão dialética da realidade.

Seu pressuposto mais fundamental parece ser: *toda formação social é suficientemente contraditória para ser historicamente superável.* Obviamente, nem todas as dialéticas aceitam isso; mas serve como ponto de partida e até mesmo como divisor de águas.

Entendemos por *formação social* a realidade que se forma processualmente na história, seja ela mais ou menos organizada ou institucionalizada, macro ou microssociológica. Por uma tendência histórica, a dialética está habituada a contemplar fenômenos de maior porte, mas é claro que se aplica igualmente aos de porte menor. Na realidade histórica não há somente mudança; há também elementos que sobrevivem às fases históricas, aos quais damos o nome, em geral, de estrutura.

Em todo o caso, a dialética *privilegia* o fenômeno da *transição histórica,* que significa a superação de uma fase por outra, predominando na outra mais o novo do que repetições possíveis da fase anterior. Essa colocação é importante também porque aceita a dialética como uma forma de privilegiar certos fenômenos sobre outros; não vê nem explica tudo. Tal perfeição não existe em metodologia. Assim, a dialética não escapa à condição comum de ser uma *interpretação* da realidade, ou seja, de ser uma das formas de a *construir.* Será preferível às outras, não porque não tenha defeitos, mas porque os tem menos, ou é mais compatível com a realidade a ser pesquisada.

A dialética está ligada ao fenômeno da *contradição* ou, em outros termos, do *conflito.* Aceita que predomina na realidade o conflito sobre harmonias e consensos. E mais: acha que as contradições não precisam provir de fora, exogenamente, mas de dentro, como característica endógena. Contradição exógena é aquela imposta ou superveniente de fora, como, por exemplo, uma inundação sobre uma cidade, que a destrói e a obriga a uma mudança histórica profunda; ou a queda de um meteorito sobre a Terra, que a abale de tal forma que produza uma desagregação geral e em conseqüência um ressurgir novo histórico.

A dialética acredita que a contradição mora dentro da realidade. Não é defeito. É marca registrada. É isto que a faz um constante vir--a-ser, um processo interminável, criativo e irrequieto. Ou seja, que a faz histórica.

Ser histórico é aquele que sofre história, ou seja, a mudança histórica como processo natural: nasce, cresce, vive e morre. O exemplo do homem pode ser ilustrativo. A morte é um conflito endógeno e profundo que nos leva à superação. Morremos também por fatores externos possíveis, mas estes não são necessários, já que morremos também se não nos matarem, porquanto temos dentro de nós o princípio da morte.

A realidade é *suficientemente contraditória* no sentido de que não existem somente contradições leves, superficiais, passageiras, mas também aquelas que não conseguimos solucionar, ou seja, de profundidade tal que levam a formação social a se superar. Nisso se põe uma diferença fundamental com outras metodologias, porquanto é diverso admitir conflitos sociais como elemento importante da realidade, como faz o sistemismo também, mas considerá-los solucionáveis e admiti-los igualmente como não solucionáveis. De um lado, há as metodologias que procuram ser dinâmicas dentro do sistema, colocando como horizonte de superação o interior do sistema; de outro, a dialética que aceita esse tipo de dinâmica, mas não dispensa aquela que explode o horizonte do sistema, na transição para outro.

Historicamente superável quer dizer que a superação é explicável historicamente. De um lado, deve predominar na fase próxima o novo sobre o velho; de outro, o novo tem origem no velho, porquanto a contradição que ocasionou a superação já foi gerada no seio da fase anterior. Não existe o salto mortal histórico que não seja gerado na fase anterior, bem como existe o *salto histórico,* no sentido de que o novo seja qualitativamente diferente do anterior.

Do ponto de vista da concepção da realidade, a alma da dialética é o conceito de *antítese.* Tradicionalmente, apontam-se para os termos: tese, antítese e síntese. Na verdade, a dialética baseia-se em dois termos — tese e antítese —, sendo a síntese simplesmente a nova tese.

Tese significa qualquer formação social, vigente na história. Dizemos que toda tese elabora sua antítese, porque possui endogenamente suas formas de contradição histórica. Nesse sentido, antítese significa a convivência, dentro da tese, de componentes conflituosos e que são ao mesmo tempo a face da dinâmica histórica. A realidade é histórica porque é antitética. A dinâmica histórica nutre-se dos conflitos que nela se geram e acabam explodindo, ocasionando sua superação.

Dois são os níveis principais da antítese. Existe uma forma de antítese *menos radical*, que expressa conflitos menores, internos ao sistema, e por isso também solucionáveis dentro do sistema. Trata-se de um nível menor da problemática social, aceita como contornável e compatível com a institucionalização. Quer dizer, para existir persistência histórica, manutenção das instituições, possibilidade da socialização e da convivência relativamente consensual, os problemas não podem ultrapassar certo limite, a saber, não podem colocar em xeque a razão de ser do respectivo sistema.

Não é que a dialética não consiga captar a persistência temporal, por exemplo, do capitalismo. As realidades não só mudam, persistem também. Não se há de negar que o capitalismo, como qualquer fase histórica, contenha suas contradições. Nem todas, porém, agem na direção da superação imediata. Embora seja uma história problemática, como toda história, tem-se mantido até hoje, porque suas antíteses apareceram sob forma menos radical.

A outra forma de antítese é a *radical*, aquela que determina a superação do sistema, já que expressa um conflito tão profundo que não se soluciona sem superar o sistema. Enquanto o outro nível de conflito traduz o movimento da reforma, este traduz o movimento da revolução. Revolução significa a superação de um sistema e a entrada em outro, onde predominem qualidades novas.

Percebe-se que a postura dialética tende a uma simplificação forte da realidade, quando a classifica como movimento dual de tese e antítese, ou quando desdobra dois níveis mais perceptíveis de antítese. A realidade certamente é mais complexa do que simples esquemas da análise. Todavia, dependendo da dialética, toma-se este esquema tal como é, ou seja, uma forma de simplificação explicativa, não uma camisa-de-força, na qual ensacamos tudo. Ao contrário, trata-se de expedientes metodológicos para destacar relevâncias; nada mais.

A noção de antítese leva à noção de *unidade de contrários*. Infelizmente, em nossa língua falamos ora de contradição, como antes, ora de contrários. Mas, deixando de lado superposições lingüísticas, unidade de contrários significa a convivência na mesma totalidade de dois pólos que, ao mesmo tempo, se repelem e se atraem. Por outra, esta noção fundamenta a visão da totalidade, que muito caracteriza a postura dialética.

O dinamismo histórico da realidade é expresso em grande parte, por esta forma de visão, que admite ser ela um todo complexo, sempre com duas faces, como se fosse uma moeda; não há moeda com uma face só; mas, embora sendo duas, forma um todo. A polarização traduz a idéia de dinâmica e de contradição.

Todavia, a contradição não se entende em sentido tradicional lógico de exclusão do termo oposto, pura e simplesmente. Assim, a dialética não pode afirmar que algo existe e não existe ao mesmo tempo, ou que algo é e não é ao mesmo tempo. Seria contraditório. O que ela afirma é a convivência de contrários, ou seja, de elementos que têm na sua exclusão apenas uma face do fenômeno, complementada necessariamente também pela face da polarização. Unidade de contrários, pois, significa convivência numa mesma totalidade, não exclusão pura e simples.

Um exemplo pode ilustrar. Dizemos que desenvolvimento e subdesenvolvimento formam uma unidade de contrários, porque, em primeiro lugar, formam um todo só, ou seja, não são dois pedaços contíguos ou duas coisas justapostas. Em segundo lugar, um necessita do outro, ao mesmo tempo em que se repelem. Um necessita do outro, porque faz parte de sua dinâmica própria histórica a exploração do subdesenvolvido por parte do desenvolvido; assim, não haveria desenvolvimento sem o subdesenvolvimento, que é a base dos privilégios do outro. Mas se repelem, porque há entre eles conflito, visto aqui sob a ótica da exploração.

Outro exemplo interessante é o fenômeno do poder. Visto em sua totalidade dialética, não pode ser deduzido à postura dos dominantes. Poder de cima para baixo é uma parte do fenômeno. A outra é dos dominados — no que é moeda de duas faces. Entre os dois lados estabelece-se uma convivência de necessitação e repulsa, que caracteriza historicamente sua dinâmica própria. Há necessitação, porque não pode existir quem mande, sem alguém que é mandado. Há repulsa, porque não se pode camuflar a desigualdade entre um lado e outro.

Assim, o poder funda tanto a possibilidade histórica de manutenção da ordem, quando visto sobretudo de cima para baixo, quanto a possibilidade de desestabilização da ordem, quando visto de baixo para cima. São as duas faces da história: mantém-se, enquanto se muda, e muda-se, enquanto se mantém.

A pedra de toque da dialética é o conceito de antítese, com suas conseqüências naturais, sobretudo da unidade dos contrários. Há dialéticas que se tornam estáticas, pelo motivo de que postulam antíteses de tal ordem radicais que já não produzem uma superação histórica, porque imaginam um salto qualitativo da ordem da criação do nada, não tendo nada ou quase nada a ver com a fase anterior. Pode ser uma postura estática, porque no fundo aposenta a história; a nova fase seria tão perfeita que já não aceitaria a aplicação dos esquemas de superação histórica. Ou tornam-se estáticas, porque postulam antíteses apenas de força interna, que não superam o sistema e acabam fazendo-o somente girar em torno de si mesmo.

É difícil compor um meio-termo adequado, entre contradições tão contraditórias que já gerariam algo a-histórico, e contradições tão suaves que já apenas repetem a fase anterior. Reformas são maneiras de continuar a história, de modo geral, ainda que em sentido de seu amadurecimento, o que poderia levar, a mais longo prazo, à superação. Revoluções buscam a superação, na qual predomina o novo sobre o velho. Há continuidade em toda revolução, mas são menores que a introdução da novidade.[2]

6.3. DIALÉTICA E ESTRUTURA

Um dos problemas modernos da dialética é sua convivência com estruturas na história, uma pedra colocada em seu caminho pelo estruturalismo. Trata-se de uma objeção importante que pede reflexão por parte da dialética, mas é superável com certa facilidade.

Em primeiro lugar, existem na realidade fenômenos que não são históricos, pelo menos no sentido corriqueiro que atribuímos ao termo. A própria dialética, concebendo-se como esquema explicativo da realidade social, de modo geral não se admite superável como a realidade que quer explicar. No fundo, entende-se como *esquema explicativo*, isto é, estrutura supra-histórica de explicação histórica. Explica a mudança, mas não muda.

Ao mesmo tempo, imaginando-se um sistema metodológico, no sentido de ser um corpo metodológico concatenado e fundamentado, possui os traços de uma estrutura relativamente autônoma e tendencialmente fechada, na própria medida que se distingue das outras. Explica as fases históricas, mas não se entende como reflexo direto da fase, de tal sorte que desapareça com a fase em questão.

E assim voltamos para uma velha questão, que talvez seja um vício do modo ocidental de produzir ciência. Imaginamos a lógica como algo supra-histórico e supra-espacial, válida para ordenar qualquer realidade, ontem, hoje e amanhã. Admitimos, no fundo, que existe sob ela uma ordem dada, estável, formal, algo diferente daquilo que chamamos de conteúdo. Este muda, é conjuntural, é fásico. A outra, não.

Se não há leis, há pelo menos regularidades, também do movimento. E a dialética é, ela mesma, um esquema regular de explicação da realidade.[3]

---

2. H. Lefebvre, *Lógica Formal/Lógica Dialética* (Civilização Brasileira, 1975); C. Prado Jr., *Dialética do Conhecimento*, 2 v. (Brasiliense, 1969); A. Abdel-Malek, *A Dialética Social* (Paz e Terra, 1975); A. Gramsci, *Concepção Dialética da História* (Civilização Brasileira, 1978); L. Goldmann, *Dialética e Cultura* (Paz e Terra, 1967); K. Kosik, *Dialética do Concreto* (Paz e Terra, 1976); P. V. Kopnin, *A Dialética como Lógica e Teoria do Conhecimento* (Civilização Brasileira, 1978); A. Schaff, *História e Verdade* (Martins Fontes, 1978); G. E. Rusconi, *Teoria Crítica de la Sociedad* (Martinez Roca, 1969); C. Prado Jr., *Introdução à Lógica Dialética* (Brasiliense, 1979); R. Havemann, *Dialética sem Dogma* (Zahar, 1967); M. Lowy, *Método Dialético e Teoria Política* (Paz e Terra, 1975); G. W. F. Hegel, *Textos Dialéticos* (Zahar, 1969); J. A. Gianotti, *Origens da Dialética do Trabalho* (DIFEL, 1966).
3. P. V. Kopnin, *A Dialética como Lógica e Teoria do Conhecimento*, op. cit. H. Lefebvre, *Lógica Formal/ Lógica Dialética*, op. cit

O que a dialética faz de diferente é captar as estruturas da dinâmica social, não da estática. Não é, pois, um instrumental de resfriamento da história, tornando-a mera repetição estanque de esquemas rígidos e já não reconhecendo conteúdos variados e novos, mas um instrumental que exalta o dinamismo dos conteúdos novos, mesmo que se reconheça não haver o novo total.

O pressuposto inicial é dessa ordem. Se dizemos que toda formação social é suficientemente conflituosa para ser historicamente superável, aceitamos a vigência de uma estrutura dada, estável, que aparece em qualquer superação histórica; mas é uma estrutura que funda a dinâmica, a história. Ou seja, é a regularidade da dinâmica, não da estática.

Quando ressaltamos que a característica básica da história é sua provisoriedade em fases sucessivas, não deixamos de ter dela uma visão ordenada, porque há algo permanente aí, isto é, a provisoriedade como característica imutável. Precisamente isto quer dizer superação histórica: radical, mas histórica. Produz-se o novo, mas não o novo qualquer, nem absoluto. É gerado no seio da fase anterior e é por ela condicionado.

Reaparece aqui o traço típico de um tipo de determinismo científico, que é maior ou menor, dependendo da postura metodológica. A dialética aqui proposta procura ser aberta, no sentido de que, partindo do reconhecimento da tendência ocidental a certo determinismo científico, dispõe-se a reduzi-lo ao mínimo possível. Não é possível deixar de reconhecer que a dialética também é um sistema metodológico, um esquema explicativo, uma expressão lógica, e assim por diante. Ao mesmo tempo, isto não é uma condenação à estática, mas a fundamentação da dinâmica, porque se volta às estruturas que geram a própria necessidade histórica.

Dizemos que esta postura é *histórico-estrutural*. De um lado, manipula a crença de que na história existem componentes da ordem estrutural, como é o conflito social. Não há história sem conflito, mesmo porque é histórica por causa do conflito, na vestimenta típica de certa fase e que se supera com ela. Assim, se superarmos o conflito capitalista, superaremos o modo histórico capitalista de ele se expressar, mas não superamos o conflito como tal. Na fase nova, teremos ainda conflito, não mais qualificado como capitalista. E é por essa razão que a nova fase será também uma fase, não a estação final do trem da história. Esperamos certamente que os novos conflitos sejam mais aceitáveis em termos ideológicos, embora isso não precise acontecer necessariamente. Talvez não fosse impossível mostrar que na história até hoje conhecida, pelo menos até ao capitalismo, houve mais aguçamento dos conflitos do que redução.

De outro, manipula a crença de que a face mais importante da realidade social é a histórica, ou seja, sua característica processual.

É constante fermentação, vir-a-ser, inquietação e criatividade. Não há somente repetição, mas sobretudo inovação social. Toda persistência histórica é periclitante e sempre inacabada. Não há formação final, porque já não estaria em formação. Está em permanente gravidez. Embora pareça contraditório imaginarmos uma gravidez permanente, assim é constituída a realidade social, que, mesmo repetindo estruturas indeléveis, o que mais repete é a constância da inovação.

É preciso, contudo, reconhecer, por coerência dialética, que as estruturas identificadas na realidade são hipóteses de trabalho, não afirmações perenes. Quando dizemos que a desigualdade social é uma estrutura social, porque se confunde com as próprias condições de formação social, ainda que disto origine sua dinâmica, estamos fazendo uma interpretação histórica, como sempre. Todavia, mesmo que fosse fato constatável que toda história conhecida sempre expressou desigualdades sociais, disto não decorre logicamente que assim deva ser, porque de um fato não segue um valor. Ao mesmo tempo, não conhecemos completamente o passado e muito menos o futuro, para fecharmos questão.

Quer dizer, esse tipo de dialética está a reboque de uma concepção de realidade que inevitavelmente é uma interpretação entre outras possíveis. É uma das maneiras de tentar explicar o fluxo da história, privilegiando certos níveis em detrimento de outros. Mudanças sociais não são ocasionais e muito menos anormais. São regularidades históricas, fazem parte da estrutura da história.

Tem a história uma estrutura? Aí está uma questão-chave. Na maneira ocidental de ver as coisas, não saberíamos negar que entendemos a história de forma estruturada, porque só sabemos entender o que aparece estruturado. Se imaginamos que a história é condicionada (alguns diriam mesmo que é determinada), que o acontecimento histórico não é gratuito ou caótico, que o fluxo possui tendências delineáveis, estamos manipulando, mesmo inconscientemente, a idéia de que o acontecer histórico não se inova ao léu. Por isso cremos em planejamento. Variam os condicionamentos e os conteúdos. Nisso há forte variabilidade e constante geração da criatividade e da novidade. Mas a história não salta sobre si mesma, ou seja, segue histórica, o que quer dizer: historicamente condicionada.

O estruturalismo, como veremos, apaga a criatividade histórica e realça o aspecto repetitivo. A dialética ressalta estruturas da criatividade histórica, o que significa que a criatividade existe, mas que não se dá ao léu.

O que distingue as abordagens metodológicas não pode ser sua ligação com estruturas lógicas, já que, dentro de nossa tradição científica, isso é pressuposto básico. Sequer seriam aceitas como científicas, se não fossem lógicas. De modo geral, pode-se dizer que antes de uma metodologia ser dialética, ou formal, ou estruturalista, é lógica, no que se encontram todas na mesma tradição epistemológica.

As distinções, por vezes profundas, são encontradas na dose de manipulação lógica, nas concepções de realidade subjacente, nos compromissos ideológicos, nas maneiras de classificar e recortar os fenômenos, nos modos de privilegiar faces específicas. Os instrumentos lógicos, de modo geral, são os mesmos. Assim, não há conflito entre matemática e dialética, porquanto não se nega a possibilidade de exatidão invariante na forma, embora não nos conteúdos. Haveria contradição se a dialética se metesse a explicar a matemática. Ora, o que a dialética pode fazer é explicar usos históricos de formas matemáticas, ou seja, expressões fásicas de seu desenvolvimento como ciência, possíveis ideologias coaguladas em suas estruturas de modo externo, tendências de usos preferenciais dela, por exemplo, para fins bélicos e destrutivos, não porém a própria estrutura matemática, que, não sendo intrinsecamente histórica, não pode ser intrinsecamente dialética.

A dialética deve reconhecer sua necessária modéstia metodológica. Não explica tudo. Como sempre, é mais hábil a explicar certos fenômenos, que são seus fenômenos privilegiados. Outros, explica com menor habilidade. Há muito escarcéu inútil em torno de mirabolantes explicações que a dialética faria de tudo e de todos. O que explica tudo, nisso mesmo nada explica. Já é o bastante que a dialética se dedique a captar as especificidades da realidade social e humana, e nisso se especialize. Não é contra a lógica, e não substitui pura e simplesmente outras metodologias. Sua superioridade precisa ser mostrada, não ideologicamente suposta.

Sobretudo, é preciso ver que a dialética, quanto mais segura e dogmática, menos dialética será. Sua superioridade, segundo cremos, está na sensibilidade mais aguda que lhe permite conviver com maior desenvoltura com a típica insegurança da realidade social, ou seja, de elaborar instrumentais mais processuais para captar uma realidade processual. Não é panacéia, nem receita. É sobretudo pesquisa!

6.4. DIALÉTICA MARXISTA

Será um tratamento extremamente sumário e simplificado o que faremos aqui, correspondendo de modo geral ao próprio nível desta introdução metodológica. Como, falando-se de dialética, muitas vezes identifica-se com a marxista, é mister dizer alguma coisa. Em primeiro lugar, a dialética não tem por que ser ou não ser marxista; em si, é apenas uma metodologia qualquer. Em segundo lugar, dizendo-se marxista significa uma versão possível entre outras, cuja excelência deve ser mostrada, não suposta. Em terceiro lugar, o que se chama dialética marxista não é uma expressão unitária; talvez hoje contenha mais divergências do que consensos. Mesmo assim, constitui uma versão fundamental da dialética, com grandes méritos.[4]

Na própria vida de Marx variou sua concepção dialética. Estereotipando as coisas, poderíamos dizer que na juventude predominou a visão segundo a qual a história poderia ser superada de forma mais ou menos absoluta, ou extremamente radical. De tal forma seria radical a superação, que a própria dialética seria igualmente superada. Serviria, pois, como esquema explicativo também histórico, no sentido de que seria válido dentro da respectiva fase histórica. Superando-se esta, supera-se igualmente seu modo de explicação. A fase nova é tão nova que já não se poderia explicar através de um esquema forjado na fase velha.

Há uma coerência aí, entre instrumentação metodológica e concepção teórica. À radicalidade histórica da concepção corresponde a radicalidade da instrumentação explicativa. Mas há um risco: dispensa-se facilmente a história, porque a fase anterior é cunhada como pré-história e a fase posterior pode ser vista de forma tão aperfeiçoada que já não é fase, mas estação final. Seria um produto final, não continuação do processo histórico.

Na velhice, tal concepção mudou substancialmente. O texto mais típico e conhecido desta postura é aquele da "Crítica da Economia Política", no prefácio, de 1859, embora não tenha nunca escrito explicitamente sobre metodologia: "A conclusão geral a que cheguei e que, uma vez adquirida, serviu de fio condutor dos meus estudos, pode formular-se resumidamente assim: na produção social da sua existência, os homens estabelecem relações determinadas, necessárias, independentes da sua vontade, relações de produção que correspondem a um determinado grau de desenvolvimento das forças produtivas materiais. O conjunto destas relações de produção constitui a estrutura econômica da sociedade, a base concreta sobre a qual se eleva uma superestrutura jurídica e política, e à qual correspondem determinadas formas de consciência social. O modo de produção da vida material condiciona o desenvolvimento da vida social, política e intelectual em geral. Não é a consciência dos homens que determina o seu ser; é o seu ser social que, inversamente, determina a sua consciência. Em certo estádio de desenvolvimento, as forças produtivas materiais da sociedade entram em contradição com as relações de produção existentes ou, o que é a sua expressão jurídica, com as relações de propriedade no seio das quais se tinham movido até então. De formas de desenvolvimento das forças produtivas, estas relações transformam-se no seu entrave. Surge então uma época de revolução social.

---

4. M. Dal Pra, *La Dialéctica en Marx* (Martinez Roca, 1971); M. Harnecker, *Los Conceptos Elementales del Materialismo Histórico* (Siglo 21, 1972); M. Goldelier e outros, *Epistemologia y Marxismo* (Martinez Roca, 1974); J. P. Sartre, *Questão de Método* (DIFEL, 1972); K. Marx, *Contribuição para a Crítica da Economia Política* (Estampa, 1973); E. Botigelli, *A Gênese do Socialismo Científico* (Estampa, 1971); F. Engels, *Do Socialismo Utópico ao Socialismo Científico* (Estampa, 1971).

A transformação da base econômica altera, mais ou menos rapidamente, toda a imensa superestrutura. Ao considerar tais alterações é necessário sempre distinguir entre a alteração material — que se pode comprovar de maneira cientificamente rigorosa — das condições econômicas de produção, e as formas jurídicas, políticas, religiosas, artísticas ou filosóficas; em resumo, as formas ideológicas pelas quais os homens tomam consciência deste conflito, levando-o às suas últimas conseqüências. Assim como não se julga um indivíduo pela idéia que ele faz de si próprio, não se poderá julgar uma tal época de transformação pela sua consciência de si; é preciso, pelo contrário, explicar esta consciência pelas contradições da vida material, pelo conflito que existe entre as forças produtivas sociais e as relações de produção. Uma organização social nunca desaparece antes que se desenvolvam todas as forças produtivas que ela é capaz de conter; nunca relações de produção novas e superiores se lhe substituem antes que as condições materiais de existência destas relações se produzam no próprio seio da velha sociedade. É por isto que a humanidade só levanta os problemas que é capaz de resolver e assim, numa observação atenta, descobrir-se-á que o próprio problema só surgiu quando as condições materiais para o resolver já existiam ou estavam, pelo menos, em vias de aparecer. A traços largos, os modos de produção asiático, antigo, feudal e burguês moderno podem ser qualificados como épocas progressivas da formação econômica da sociedade. As relações de produção burguesas são a última forma contraditória do processo de produção social, contraditória não no sentido de uma contradição individual, mas de uma contradição que nasce das condições de existência social dos indivíduos. No entanto, as forças produtivas que se desenvolvem no seio da sociedade burguesa criam ao mesmo tempo as condições materiais para resolver esta contradição. Com esta organização social termina, assim, a pré-história da sociedade humana".[5]

Este texto permite vislumbrar algumas características importantes da dialética de Marx:

a) É clara a posição do materialismo histórico, segundo o qual a consciência é condicionada pela infra-estrutura econômica; em última instância é determinada pela base material, ainda que não de forma mecânica ou automática.

b) A história faz-se por condicionamento reconhecível, o que equivale a dizer que é estruturada; as transformações são aspecto normal do fluxo histórico, mas não se dão ao léu, e muito menos ao sabor das intenções humanas; predominam determinações objetivas.

c) As transformações são gestadas no seio da fase anterior; tanto é assim que as soluções dos problemas são historicamente geradas e em última instância determinadas pela base material.

d) Não obstante isto, com o capitalismo terminaria a "pré-história", porque seria a "última forma contraditória".

---

5. K. Marx, *Contribuição para a Crítica da Economia Política* (Estampa, 1973), p. 28-29.

Assim, de um lado admitem-se superações certamente radicais, mas historicamente determinadas (ou condicionadas, em nossa linguagem). O que acontece na história é historicamente explicável. Por outro lado, perdura a expectativa difusa e pouco explícita de que, superando-se o capitalismo, superaríamos o problema da contradição como tal e não somente um tipo histórico de contradição. Isto nos parece contraditório.

Se é verdade que toda formação social possui suas contradições, por força das quais é histórica, como seria possível isentar disto a sociedade pós-capitalista? É logicamente incoerente, porque, se é histórica a sociedade posterior, é contraditória. É socialmente incoerente, porque acaba tornando-se autodefesa de uma dominação que não gostaria de ser contestada. Enfim, dizer que uma sociedade não é contraditória é camuflar os conflitos.

Aí certamente divergem as visões marxistas. Se tomarmos dois casos estereotipados, o marxismo soviético e o chinês, as diferenças partem daí. No caso soviético, inventou-se a "dialética não antagônica" na suposição de que a sociedade soviética teria alcançado nível tal de desenvolvimento que já não teria mais contradições antagônicas. Isto se verificaria pelo fato de não haver mais classes e de a produção estar totalmente socializada.

Nesse sentido, parece haver uma interpretação ligada à idéia de que o modo de produção capitalista seria o último antagônico, e que depois dele surgiria um modo não antagônico de produção. Na verdade, as visões divergentes da postura soviética não aceitam tal interpretação e não faltam mesmo as que querem mostrar que existem classes na sociedade soviética.[6] Não existem classes capitalistas, mas desigualdades sociais, não mais instrumentalizadas pela posse dos meios de produção, porém pela ocupação da burocracia estatal e partidária. É muita pobreza histórica imaginar a sociedade soviética suficientemente perfeita, para não ser mais historicamente superável. No fundo, a "dialética não antagônica" é ideologia de autodefesa do poder vigente.

Muito diversa é a visão chinesa, e mais coerente. Comunismo é uma autêntica utopia, no sentido de que seria irrealizável em sua idealização, mas constitui a força imorredoura de superação histórica das sociedades vigentes, sejam quais forem. A sociedade socialista possui igualmente conflitos antagônicos que a conservam histórica como qualquer outra. A idéia de revolução permanente foi forjada para responder, permanentemente, à tendência histórica de os dominantes evitarem as superações.

A desigualdade social, por exemplo, não foi inventada pelo capitalismo. É componente estrutural da história. Pertence aos conflitos não

---

6. C. Bettelheim, *A Luta de Classes na União Soviética* (Paz e Terra, 1976).

96

solucionáveis estruturalmente, embora se possa arranjá-los de forma conjuntural, de modo que permitam certa persistência histórica relativa. Tal conflito apareceu de forma particularmente antagônica no capitalismo. Mas é gratuito imaginar que com o capitalismo se acaba a série antagônica. Espera-se — isto sim — que os conflitos sociais do socialismo, do comunismo, ou sejam quais forem as características de sociedades futuras, sejam mais aceitáveis do ponto de vista da utopia da igualdade, do desenvolvimento e da participação.

De modo geral, a dialética marxista possui dose mais forte de determinismo que a versão dita histórico-estrutural, porque considera a influência da infra-estrutura econômica como "determinante em última instância", embora não de modo mecânico ou automático. O marxismo acredita mais em determinações objetivas do que ideológicas e políticas, no que freqüentemente tem razão. E isto foi a grande novidade metodológica introduzida, diante de uma ciência que acreditava mais em intencionalidades subjetivas. Assim, fazer história é possível, mas à medida que se dominem as determinações objetivas.

Tal postura aproxima-se muito, em termos metodológicos, de óticas monocausais, no sentido de tender a reduzir a complexidade da realidade a uma face fundamental. Muito embora essa redução simplificadora possa trazer explicações interessantes, e isto é inegável no marxismo, não corresponde à natureza dos dinamismos sociais, que são sempre muito mais complexos. Por isso mesmo cabe a noção de regularidade, não de lei. Coincidentemente, Marx empregava a noção de lei, e até mesmo de "lei férrea", conforme uso da época.[7]

Esta relativa rigidez metodológica provoca o outro resultado também questionável, a nosso ver, de imaginar a fase posterior liberada da idéia de antagonismo, e, nesse sentido, pouco histórica. Se as condições de superação histórica são geradas na fase vigente, a fase subseqüente, sendo histórica, não pode abandonar aquilo que a faz histórica, a saber, os antagonismos, entre os quais alguns solúveis, outros insolúveis. Não cremos ser esse tipo de isenção ainda dialético. Parece-nos muito mais uma deturpação da dialética, como é o caso da dialética não antagônica soviética. Ao poder estabelecido não interessa uma visão dialética, mas sistêmica, capaz de repor constantemente a persistência temporal do sistema.

Certamente, não fazemos aqui um tratamento adequado da dialética marxista. Toda a discussão sobre o possível determinismo foi apenas tocada. No fundo, apenas levantamos algumas dimensões introdutórias que permitem a reflexão crítica sobre o tema.

---

7. Cfr. P. Demo, *Metologia Científica em Ciências Sociais*, op. cit., p. 191 ss.

6.5. CIÊNCIAS SOCIAIS E DIALÉTICA

Parece-nos que a dialética seja a metodologia mais condizente com as ciências sociais. É a forma mais criativa e versátil de construir uma realidade também criativa e versátil. Jamais seria isso uma posição indiscutível, também porque já não seria dialética. Trata-se obviamente de uma interpretação possível e que faz parte do jogo interminável de aproximações sucessivas e crescentes rumo à cientificidade, que no seu limite é utopia. Levantamos aqui, a título de sumariar, algumas características dessa metodologia:

a) Problematiza com maior inteligência a relação entre sujeito e objeto, superando posições estanques e estereotipadas ligadas a visões estáticas da objetividade e da neutralidade. E mais: vê entre os dois lados uma polarização dinâmica, que faz do conhecimento um processo, não uma descrição ou um retrato, ou seja, faz do conhecimento uma expressão criativa, não um ajuntamento mecânico e justaposto.

b) Através da concepção de unidade de contrários, adapta-se melhor à dinâmica histórica, que não é um todo liso, matemático, da ordem apenas quantitativa. Para uma realidade dinâmica é preciso um instrumental também dinâmico de captação.

c) Privilegia os fenômenos da transição histórica, ainda que possa ver os outros também. Entende-se, desde que não dogmática, como uma das formas possíveis de construir a realidade de modo científico, aceitando que também as teorias científicas não são produtos acabados. Sua superação é tão natural quanto a superação histórica. Nenhuma metodologia é tão capaz quanto a dialética de conviver criativamente com a processualidade histórica, transportando para dentro de si mesma essa característica, à medida que se entender como pesquisa, como indagação, como crítica e autocrítica.

d) Encontra certo meio-termo entre condicionamentos objetivos da realidade e a possibilidade de planejar a história através da iniciativa do homem. De modo geral, aceitam-se os condicionamentos objetivos como mais fortes, que para certas dialéticas são determinantes em última instância, no caso dos econômicos. Mas há lugar também para ideologias e intencionalidades, porque em parte pelo menos a história pode ser feita. Nesse sentido, não reduz a história social a uma estática repetitiva, nem recoloca os subjetivismos como mais importantes. Se não existe objetividade, nem neutralidade, por outra não é menos central preservar a objetivação e a redução da influência de juízos de valor.

e) Convive com estruturas, nas quais vê a fonte do dinamismo histórico, ao contrário de outras metodologias que usam as estruturas para ressaltar identidades históricas inarredáveis, reduzindo a história a fenômeno repetitivo e secundário. Não é, pois, uma filosofia frouxa, tão elástica que nela tudo se acolhe. O dinamismo histórico não é maluco, subjetivo, caótico. Há modos estruturais do acontecer. A criação histórica é real, mas é histórica, ou seja, condicionada. A dialética não se põe a destruir estruturas, como se fossem inimigas metodológicas; ao contrário, ressalta aquelas que carregam o processo histórico e nas suas contradições o preservam, de tal sorte que o permanente é a provisoriedade dos conteúdos fásicos.

f) Adapta-se melhor ao conceito de regularidade, ao contrário do de determinação, à sombra do conceito de causa/efeito, onde cabe melhor a visão de lei. Uma realidade dinâmica não pode ser absolutamente determinada, não só porque é demasiadamente complexa para cercarmos todos os componentes, como também porque a interferência humana traz para dentro do fenômeno a possibilidade do imponderável.

g) Não combate as posturas das ciências naturais e exatas, desde que não sejam concebidas como regra única. Aproveita-se delas no que for possível e recomendável, como é o caso da experimentação, da quantificação, da observação, do teste empírico etc. No que toca à lógica, todas o são. Não há razão para imaginar que a dialética se oporia a características lógicas.

h) Convive com a consciência histórica, um fenômeno importante, mesmo se reconhecido como dependente da inconsciência, como querem visões atuais de psicologia estruturalista. Poderia ser até tendencialmente residual. Ainda assim, é um fenômeno ímpar, especificamente humano e que merece ser captado da melhor forma possível. Aí aparece a importância da ideologia, algo que invade as ciências sociais de modo intrínseco. Não dar importância à ideologia é eliminar o homem como ator.

i) Propõe a visão de totalidade, no sentido de esforçar-se por recortar menos a realidade e de não formalizá-la em partes estanques. A visão por partes segmentadas não é dinâmica. Agrega por justaposição e contiguidade. A realidade social é complexa e totalizante, conflituosa e dinâmica, transbordando a possibilidade de quantificação, de classificação, de definição, de teste etc. Não se explica por monocausalidades. Múltiplos são os fatores, embora alguns sejam sempre mais importantes que outros.

j) É capaz de captar não somente os condicionamentos materiais da ação humana, mas igualmente as formas de posicionamento social, de representação social, de mundivisão, de ideologias etc. Embora haja regularidades implacáveis, existe a figura do ator na história, que é o homem. A participação humana é um fenômeno de configuração própria, dinâmico e contraditório, volúvel e versátil, para além de qualquer equação matemática. Não há ordem absoluta, porque, de outra posição social, pode ser vista como desordem; não há normalidade absoluta, porque, de outra posição social, pode ser vista como psicose. A grande diferença está no nível político, entendido como aquela esfera da prática humana. Não pode ser concebida como autônoma, nem como subjetiva apenas, nem como totalmente imponderável. Ela dá-se dentro dos condicionamentos objetivos. Mas esquecê-la, ou reduzi-la a epifenômeno, é deturpar o social da realidade social.

l) É capaz de entender um fenômeno como a utopia e a esperança: muito qualitativo, sensível, profundo, jamais mensurável, talvez não testável, mas essencial para entendermos a dinâmica histórica dos atores humanos. Alguns são revolucionários, porque perseguem a superação do sistema e a instauração de uma nova ordem. Outros são reformistas, porque entendem que a situação vigente ainda faz sentido, é preciso melhorar, ou porque, não sendo possível a superação seja por qual razão for, recomenda-se acumular reformas para amadurecer historicamente a formação social; outros são conservadores, porque acreditam dever manter a situação vigente e não aceitam arriscar mudanças; outros ainda são reacionários, porque imaginam dever lutar contra mudanças e retornar a situações pretéritas, que mantêm como ideal. Toda essa luta em torno do futuro, da arte do possível, do projeto de sociedade que desejamos ou nos impõem, é importante demais, para não tratá-la somente porque outras metodologias não a encaixam bem.

m) Esgueira-se por trás da casca dos fenômenos, procurando a profundidade dele, porque crê numa realidade que não se dá à primeira vista.

99

É superficial aquela metodologia que se satisfaz com a primeira impressão, ou com o mensurável.

n) Ao lado disso, é a metodologia mais crítica e autocrítica, como requer a dinâmica da realidade social. Aí está grande parte de sua criatividade, embora possa também tornar-se preciosismo e tagarelice vazia. É o chão da boa discussão, da polêmica construtiva, da visão multifacetal, que exige o constante estado de alerta contra posturas fechadas, pequenas, medíocres.

7
OUTRAS METODOLOGIAS IMPORTANTES

7.1. NOTAS INICIAIS

De maneira apenas introdutória, fazemos aqui uma exposição sumária de algumas metodologias importantes, contrapondo-as sempre à dialética. Passaremos pelo empirismo e positivismo, pelo estruturalismo e pelo sistemismo, sem levantar a pretensão de que nestas vertentes estaria contida toda a gama de metodologias vigentes na pesquisa social. Cada uma supõe discussão profunda de seus pressupostos, de suas propostas de instrumentação científica, de sua originalidade com respeito a outra, e assim por diante.

Embora esta gama variada de metodologias possa produzir a impressão de dispersão e de dificuldade de alcançar certos consensos mínimos, no fundo pode ser entendida como riqueza típica das ciências sociais. É uma discussão tão renitente, quanto é renitente a realidade social, que se revela em partes, nunca totalmente. O processo de aproximação sucessiva e crescente das ciências sociais acarreta a constante disputa por caminhos mais e menos condizentes.

De modo geral, as outras metodologias têm em comum, entre outras coisas, a idéia de que se deve tratar unitariamente qualquer realidade, social ou não. Não se justificaria uma metodologia própria, ou relativamente própria, para as ciências sociais, como é o caso da dialética na acepção acima exposta. São privilegiados critérios lógicos sobre os sociais, colocando-se freqüentemente como factível a objetividade e a neutralidade. Conserva-se como protótipo científico o modo de captar a realidade usado nas ciências exatas e naturais.

Nesse sentido, correspondem à velha tradição ocidental, que acredita ser a realidade ordenada e estruturada, pelo menos regular, seguindo os esquemas explicativos a mesma tendência, ou seja, a elaboração de sistematizações estruturadas e se possível exatas.[1]

---

1. Encontra-se em P. Demo, *Metodologia Científica em Ciências Sociais* (Atlas, 1980), um apanhado de todas essas metodologias, a partir da página 102 e seguintes.

101

7.2. EMPIRISMO E POSITIVISMO

O empirismo tem por origem a procura de superação da especulação teórica. No lugar dela, coloca-se a observação empírica, o teste experimental, a mensuração quantitativa como critérios do que seria ou não seria científico. Busca-se reproduzir em ciências sociais as mesmas condições ou muito aproximadas das do laboratório, onde se pretende construir o ambiente propício capaz de superar subjetivismos, incursões dos juízos de valor, influências ideológicas, e assim por diante.

Não se pode subestimar os méritos do empirismo, porque foi historicamente um santo remédio, contra um vezo acadêmico excessivamente filosofante, perdido na especulação gratuita. Criou inúmeras técnicas de coleta e de mensuração dos dados, acumulou fatos e dados, trouxe para as ciências sociais o uso da computação, e assim por diante. Seu método básico é muitas vezes descrito como o da *indução*. Significa aceitar a generalização somente após ter constatado os casos concretos. Por exemplo, o enunciado — todo motorista brasileiro é imprevidente — somente seria aceito, se tivéssemos constatado empiricamente, através da observação direta dos motoristas.

Dizíamos que a ciência trabalha sempre com generalizações. Mas é diferente obter a generalização dos fatos constatados, ou obter como pressuposto teórico. O método contrário chama-se *dedução,* e quer dizer a aceitação como ponto de partida de um enunciado geral, e depois a contraposição dos casos particulares. O exemplo comum é o do silogismo. Digamos: todo homem é mortal; João é homem; logo, é mortal. Trata-se de um raciocínio dedutivo porque parte do geral para o particular.

A objeção que a indução faz à dedução é de ser apriorística. Como se sabe, de antemão, que todo homem é mortal? Tal pressuposição ou é gratuita, ou é dogmática. Ademais, a dedução seria tautológica, porquanto, na descida ao caso particular não se acrescenta conhecimento novo. Se a generalização está em primeiro lugar, a contraposição de casos particulares não traz nenhuma novidade.

No entanto, o empirismo é a metodologia mais simplória, porque acredita no observável. Inevitavelmente é superficial, se aceitarmos a idéia de que a realidade jamais se dá na superfície. Nem sempre a parte observável é a mais importante, ou a que interessa. O behaviorismo, que é uma expressão empirista, reduz a personalidade a seu comportamento externo; entende-se este procedimento, porque é observável, de alguma forma mensurável, experimentável. Mas hoje sabemos que a parte mais importante da personalidade não é o comportamento externo, mas suas motivações inconscientes ou, de modo geral, mais profundas.

Ao mesmo tempo, significa uma demissão teórica, no sentido de substituir a explicação pela descrição empírica. Explicar é compor um quadro teórico de referência, onde os elementos do fenômeno ganham relevo, lugar e significação. Os fatos não falam por si, mas pela boca de uma teoria. Se falassem por si, não haveria interpretações ou versões. Sobre os mesmos dados pode-se construir teorias até mesmo contraditórias.[2]

O positivismo é uma metodologia extremamente mais complexa que a anterior e está geralmente mais ligado à sua expressão lógica. Tem de comum com o empirismo a desconfiança contra a filosofia e a especulação. Mas na sua versão mais lógica, desinteressa-se pela problematização do relacionamento entre sujeito e objeto e agarra-se às condições lógicas do enunciado científico. Não se fixa tanto na realidade, quanto na linguagem dita científica sobre a realidade, supondo-se suficente adequação.

É a metodologia mais ligada à reprodução do modelo das ciências exatas e naturais, ligando-se muito mais às formas de realidade do que a seus conteúdos. Acredita em objetividade e neutralidade, bem como não admite metodologias próprias para as ciências sociais. Todos os objetos devem ser tratados de modo idêntico.

Constitui a mantenedora principal do interesse pela teoria do conhecimento, na linha epistemológica, tendo como modelo fundamental a lógica matemática, exata e supra-histórica. Acredita em real progresso científico, no sentido de que muitas ciências já são maduras, tendo obtido resultados definitivos, como a física, a matemática, a lógica etc. Não se liga naquilo que chamaríamos processualidade do conhecimento em ciências sociais, porque tende a ver isto como defeito, imaturidade, filosofia gratuita.

A finalidade da ciência é estabelecer a verdade, compreendida como algo factível e definitivo. Embora não insista muito em evidências empíricas, preocupa-se mais com a tessitura lógica da linguagem científica, que procura evidenciar-se em transparência explicativa e no seu fluxo dedutível sem contradições.[3]

O positivismo não é unitário, é claro. A linha de Popper, por exemplo, recusa a indução e somente aceita a dedução como método válido. Com isto, não se interessa pela acumulação de dados e pela observação sistemática. E acaba instituindo a provisoriedade das teorias como condição normal científica, bem como a crítica metodológica como procedimento básico de depuração científica.[4]

---

2. D. Hume, *Investigação acerca do Entendimento Humano* (EDUSP, 1972); H. Reichenbach, *La Filosofia Científica* (Fondo de Cultura Económica, 1953); W. Hochkeppel (org.), *Soziologie zwischen Theorie und Empirie* (Nymphenburger V., 1970).

3. L. Kolakowski, *Positivist Philosophy — from Hume to Vienne Circle* (Pelican/Penguin, 1972); K. Lambert e G. G. Brittan, *Introdução à Filosofia da Ciência* (Cultrix, 1972).

4. K. R. Popper, *The Loaic of Scientific Discovery* (Huntchinson of London, 1965); Idem, *El Desarrollo del Conocimiento Científico — Conjeturas y Refutaciones* (Paidos, 1967); Idem, *La Miseria del Historicismo* (Alianza Taurus, 1973).

Contra a indução, Popper levanta a objeção de que recai numa regressão ao infinito. Com efeito, para dizer, por exemplo, que todos os cisnes são brancos, a nível de uma lei da natureza, deveria ter observado todos os casos concretos, de ontem, de hoje, e garantir que amanhã não apareça um cisne negro. Não aceita igualmente que a noção de probabilidade mude o problema, porque, para dizer que todos os cisnes são provavelmente brancos, teria que constatar todos os casos prováveis. Uma segunda objeção está no fato de que recai no apriorismo, pois a indução não se constitui como regra metodológica geral de modo indutivo, mas dedutivo. Não é resultado da constatação concreta, mas de uma aceitação prévia generalizada.

Com isto, não acredita que consigamos verificar teorias, já que, por mais que acumulemos fatos concretos positivos, isto não acrescenta nenhuma certeza. Todavia, se não conseguimos verificar, podemos falsificar, porque basta a presença de um único fato concreto negativo para dizer que a teoria já não é verdadeira, no todo ou em parte.

A falsificabilidade passa a ser o critério básico de cientificidade, no sentido de que uma teoria é científica apenas provisoriamente, enquanto não se encontra caso concreto negativo. Ademais, não interessa encontrar casos que apóiem a teoria, já que por aí não conseguimos certeza alguma.O que interessa é a busca de casos negativos. É assim que institui a crítica metodológica como cerne de seu método.

De modo geral, Popper arejou imensamente as posições positivistas. Para ele qualquer constatação empírica já é uma interpretação teórica, já que, para constatar algo concreto, precisamos cientificamente de conceitos prévios, que não são observáveis. Um conceito, por ser uma generalização abstrata, não se observa, é claro. Assim, para constatar "este copo d'água", preciso de vários conceitos prévios, sem os quais nada constato, ou seja, o conceito de copo de água, de matéria sólida, de matéria líquida, de recipiente etc.

Popper abandona a repulsa à filosofia, porque não importa o ponto de partida da teoria, desde que se submeta ao teste negativo. Procura instituir uma espécie de democracia metodológica, no sentido de que cada teoria deve ter sua chance de apresentar-se como explicação da realidade, desde que aceite as regras de jogo, ou seja, o contraste impiedoso contra fatos negativos. Não os encontrando, a teoria não passa a ser verdadeira, mas tão-somente válida por enquanto. A ciência é uma arena aberta à disputa de teorias. Não adianta protegê-las; o que interessa é criticá-las.

A postura de Popper não é dialética, porque a crítica aparece apenas como componente do método, não da concepção da realidade. Com efeito, é um dos adversários clássicos da dialética, principalmente porque não aceita a idéia da unidade dos contrários; idéia essa que, a nosso ver, confunde com unidade de contraditórios. Esta a dialética não pode sustentar, como já víamos; mas aquela é marca própria da dialética.[5]

Modernamente é importante a posição de Albert, discípulo de Popper, mas ainda mais aberto em termos de discussão com a dialética. Concorda que a neutralidade científica é uma opção entre outras, ou seja, é um juízo de valor. É praticável, após ter-se assumido tal juízo de valor. Ao mesmo tempo, não vê como fundar-se a ciência de modo evidente, no sentido de uma fundamentação última; equivale a dizer que a ciência produz somente hipóteses de trabalho, interpretações aproximativas, não resultados definitivos. Não se distingue essencialmente da moral e da filosofia, porque certezas científicas só podem ser dogmas.[6]

No entanto, o positivismo, conforme é comumente conhecido, apresenta várias posturas distorcidas, face à da dialética. Num primeiro momento, defende a neutralidade científica como factível e necessária, porque entende ciência como a produção de certezas lógicas. Num segundo momento, advoga a unicidade do método científico, tomando como modelo a ótica das ciências exatas e naturais. Problemas de captação da realidade social estão no sujeito, não no objeto. Assim, toma-se a formação científica como o treinamento do sujeito com vistas a adotar certo tipo de comportamento e a dominar certos instrumentais, que possibilitem a captura objetiva da realidade, assim como ela é. Procedimentos lógicos, capacidade dedutiva e indutiva, ordenamento descritivo, formalizações categoriais, rigor etc. são expectativas muito caras ao positivismo.

À medida que se liga ao empirismo, assume também seus defeitos. Contenta-se com o fenomenal, não descendo à essência da realidade. Reduz a realidade a seus aspectos mais observáveis e manipuláveis pela quantificação. Rebaixa o sujeito a elemento descritivo, catalogador, arrumador, construtor de tabelas, perdendo de vista a importância da explicação, dos quadros teóricos de referência, dos processos interpretativos e hermenêuticos. Pouco adianta o aperfeiçoamento estatístico dos dados se não soubermos interpretá-los. As ciências sociais não se contentam com coleções de dados.

Não obstante, é preciso lembrar que a dedicação empírica e o rigor lógico são momentos altos do empirismo e do positivismo. A dialética nada tem a perder se souber usá-los. Ademais, é dogmatismo inaceitável imaginar que a própria construção de uma tabela já signifique empirismo. O dado em si não tem culpa. A questão surge no uso teórico-interpretativo dela. Faz muito bem a qualquer dialética com-

---

5. O célebre artigo de Popper contra a dialética encontra-se em *El Desarrollo del Conocimiento Cientifico*, op. cit.
6. H. Albert, *Tratado da Razão Crítica* (Tempo Brasileiro, 1977).

provar empiricamente suas hipóteses e revestir suas construções com o maior rigor lógico possível.

7.3. ESTRUTURALISMO

Esta metodologia tornou-se importante a partir de Lévi-Strauss, que a disseminou em algumas regiões das ciências humanas e sociais, sobretudo na lingüística e na etnologia. Referimo-nos aqui especificamente ao estruturalismo de Lévi-Strauss, até mesmo porque foi quem colocou algumas objeções sérias à dialética.[7]

Restabelece no melhor estilo a tradição epistemológica ocidental, que acredita estar a realidade invariavelmente estruturada, constituindo sua explicação científica a codificação de tais estruturas invariantes. Explica-se o regular, que aqui já é invariante. Em primeiro lugar, começa-se pelo esforço de decomposição analítica, não de síntese, já que, para entender um fenômeno, é mister desmontá-lo em suas partes; e isto é precisamente análise. Em segundo lugar, a decomposição analítica mostra que a complexidade do fenômeno é uma percepção superficial; na sua profundeza todo fenômeno é simples, porque a possível variação complexa gira em torno de estruturas invariantes. Em terceiro lugar, explicar é escavar a subjacência, porquanto a superfície varia, não o fundo, que invaria. Em quarto lugar, o fenômeno é simplificável em modelos estruturais, revelando a ordem interna subjacente, ao contrário da visão de superfície.

Alguns exemplos: o fenômeno musical apresenta uma superfície extremamente variada e uma história exuberante de variações; no fundo, porém, tudo não passa da combinatória variável de doze elementos invariantes, os doze semitons. Mesmo que não fossem doze, acredita-se que há um código restrito, imutável, estrutural, por baixo do fenômeno da música. Explicar apenas a evolução histórica, seria superficial. Com efeito, somente o explicaríamos, se encontrássemos a estrutura subjacente.

A Física procedeu da mesma forma. Amadureceu como ciência, quando encontrou o código dos elementos atômicos, em número restrito e finito, dentro de uma ordem estabelecida e dada. E mais, não faria sentido imaginar uma história dos elementos atômicos, porque se trata de uma combinatória variável de componentes invariantes.

Lévi-Strauss aplicou tal expectativa a um fenômeno muito complexo, que são os mitos indígenas. Aparentemente, nem sequer se imagina que tenham nexo, por vezes, tal a bagunça de termos e retomadas internas. Não obstante isto, tentou mostrar que todos os mitos, do mundo inteiro, apresentariam temas únicos, estruturas simbólicas sempre repetidas, formas idênticas.

---

7. C. Lévi-Strauss. *Antropologia Estrutural* (Tempo Brasileiro, 1967); Idem. *Anthropologie Structurale Deux* (Plon, 1977).

106

Esta propriedade pode ser vista na língua com facilidade. Toda língua desconhecida nos parece caótica. Mas para cada uma existe uma gramática, o que equivale a dizer que falamos de forma ordenada, sobre estruturações invariantes, de modo geral solidificadas em nosso inconsciente. O conceito de inconsciente é essencial para esta óptica, porque oferece a oportunidade de estabelecimento de uma identidade profunda entre os homens, independentemente de espaço e tempo. Sendo o inconsciente coletivo igual em todos, ou seja, não tendo história, permite que todos tenhamos as mesmas categorias mentais e os mesmos códigos lógicos para falar, para fazer mitos, para compor ideologias etc.

Secundariza-se, assim, a consciência e também a História, procurando garantir para as ciências sociais e humanas um lastro possível de objetividade e até mesmo de exatidão. Hoje acreditamos podermos traduzir um livro em computador, porque já abandonamos a idéia anterior das variabilidades incomensuráveis da língua; ao contrário, são estruturas repetitivas, que permitem inclusive aproximar todas as línguas a eixos comuns.

Considera a consciência como "inimigo secreto" das ciências do homem. A distinção entre humano e natural precisa ser desfeita, se buscamos tratamento científico. E é nesta linha que Althusser iria defender que Marx teria sido anti-humanista, ao construir a obra de O Capital, porque estava interessado em captar objetivamente as relações necessárias do fenômeno capitalista, e não em ideologias. Ora, qualquer posição humanista significaria a intromissão de juízos de valor, de consciência opcional, quer dizer, de algo ideológico que atrapalharia o intento científico.[8]

Quanto ao problema da história, não a elimina, mas a secundariza. O mesmo faz com a dialética. Sua objeção à dialética é importante porque está exarada na linha de uma crítica interna, a partir de uma pretensa incoerência interna. Com efeito, para a dialética se constituir como sistema metodológico, precisa definir, classificar, distinguir, opor, que é tudo postura da lógica formal. Ela não subsiste sem esquemas formais.[9]

Ela é, apesar disto, importante, porque traz à baila a percepção do fluxo histórico. Mas a consciência histórica não é fenômeno relevante, diante da concepção do inconsciente de Lévi-Strauss. Nesta linha, imagina que a lógica formal explica a dialética, não o contrário, porquanto a dialética aparece metodologicamente como uma estrutura explicativa. Explica o movimento; mas não passa com o movimento;

---

8. L. Althusser, *La Revolución Teórica de Marx* (Siglo 21, 1971).
9. Veja polêmica contra a dialética, no Capítulo 9 da obra: C. Lévi-Strauss, *O Pensamento Selvagem* (USP, 1970); Cfr. também: L. C. Lima, *O Estruturalismo de Lévi-Strauss* (Vozes, 1970); C. R. Badock, *Lévi-Strauss: Estruturalismo e Teoria Sociológica* (Zahar, 1976); A. Bonomi, *Fenomenologia e Estruturalismo* (Perspectiva, 1974); M. Marc-Lipiansky, *Le Structuralisme de Lévi-Strauss* (Payot, 1973); R. Bastide, *Usos e Sentidos do Termo "Estrutura"* (EDUSP, 1971); L. Sebag, *Marxismo e Estruturalismo* (Pórtico, s.d.); C. N. Coutinho, *O Estruturalismo e a Miséria da Razão* (Paz e Terra, 1972).

permanece acima do movimento. E mais: não explica propriamente o movimento, mas os esquemas invariantes do movimento, porque se acredita que o movimento não é subjetivo, intencional, voluntarista, consciente, caótico, mas precisamente regular, estruturado, axiomatizado.

Uma segunda objeção à dialética provém da consideração sobre as interpretações históricas. Declarando-se agnóstico, não aceita que a história tenha um sentido, porquanto é um fluxo de fenômenos condicionados e determinados que somente admitiriam ser agrupados de acordo com algum sentido na óptica subjetiva e ideológica do sujeito. Ademais, a própria história é percebida através de esquemas do acontecer. O mais banal é constituído pelas datas. O que existe é um fluxo contínuo, uma sucessão de coisas. Todavia, se não destacássemos pontos fixos, não veríamos o movimento do fluxo. Ou seja, para perceber um antes e um depois, é mister termos um marco fixo que divida os momentos. Assim, vemos o movimento porque armamos pontos fixos, em relação aos quais podemos perceber coisas em sucessão.

Não é a história que unifica a sociedade, mas suas condições de organização social, que são no fundo estruturas invariantes em torno das quais gira a história. É daí que provém a crença de que o histórico, o variante, é superficial; o essencial é invariante. Por isto, explicar será descobrir estruturas invariantes.

São muito importantes as objeções do estruturalismo contra a dialética, porque são o esforço de crítica interna. De fato, a dialética não pode negar que também sistematize a realidade e que se entenda como esquema explicativo, na tradição ocidental científica típica. Ao captar a história, também a ordena, define eras, ressalta datas, atribui sentidos a grupos de acontecimentos etc. É importante lembrar aqui que Marx já percebera isto com clareza. Sua concepção dialética não escapa, em absoluto, desta dose de determinismo, porque cientificamente captamos o regular, o repetível, o invariante. A concepção do econômico como determinante em última instância é o caso típico de uma invariante explicativa, que supõe ademais uma realidade complexa, mas no fundo ordenada.

No entanto, o reconhecimento de estruturas dadas não impede a vigência da dialética, até mesmo porque, sendo também lógica, já nisto admite-se convivendo com formalizações. A diferença está em que a dialética ressalta estruturas dadas que são a fonte da historicidade do processo social, como o conflito, os antagonismos, as contradições. Tais estruturas não "esfriam" a história; pelo contrário, são seu próprio calor.

A dialética não concebe uma história voluntarista, intencional, subjetiva. Se assim fosse, perder-se-ia em especulações gratuitas, em ideologizações irrecuperáveis, em filosofias sem limite. O homem faz história, mas condicionado. Alguns diriam até que a faz determinado. Não existe incompatibilidade com as crenças comuns de nossa ciência, quanto à regularidade da realidade. A história não acontece de qualquer maneira. É planejável, não somente porque o homem pode entrar como fator interveniente efetivo, mas também porque havendo condicionamentos objetivos e sendo conhecidos, o pode manipular. De certa maneira, a história é previsível. Se não se comportasse de forma regular, isto seria impensável. Todas as prognoses são muito relativas, porque se baseiam no postulado frágil de uma tendência constatada e mantida. Mas são possíveis.

Não pode ser, assim, puramente histórica a dialética. Ela é histórico-estrutural. Ressalta os fenômenos de transição histórica, dentro de condicionamentos estruturais. O estruturalismo secundariza a história e no fundo não a aceita como explicativa. Para a dialética, explicar significa também recompor a gênese.

Ademais, a dialética é de tendência sintética, porque preza o conceito de totalidade, sobretudo na perspectiva da unidade dos contrários. O estruturalismo é profundamente analítico.

Enfim, mesmo se provássemos que fenômenos de consciência histórica, de intervenção humana ideológica sobre a realidade, de crença em sentidos da vida e da sociedade etc. são condicionados pelo inconsciente e por outras estruturas dadas mais do que imaginamos, ainda assim seriam algo essencial para a sociedade. Caso contrário, a reduziríamos a seu substrato físico-químico, já que sob a lente de um microscópio não aparece ideologia, utopia, consciência, mas apenas matéria, orgânica ou inorgânica. Se o que queremos específico da sociedade, como algo diferente da realidade natural, é menor do que imaginamos, isto não o torna inexistente ou secundário.

Fazer história, produzir ideologias humanistas, manter acesa a utopia da participação, garantir a paz e solidariedade etc., ainda são projetos essenciais da sociedade que a dialética entende melhor.

7.4. SISTEMISMO

A metodologia sistêmica alimenta-se da teoria dos sistemas e também das concepções funcionalistas da sociedade. Ressalta a sociedade como fenômeno organizacional, como sistema de partes concatenadas, capaz de manter e recobrar o equilíbrio da persistência histórica.[10]

O traço mais importante do sistema não é a inter-relação das partes, mas a capacidade de constante retroalimentação que mantém o dinamismo de recomposição de seu equilíbrio na ambiência. À dife-

---

10. W. Buckley. *A Sociologia e a Moderna Teoria dos Sistemas* (Cultrix, 1971).

rença do funcionalismo, que acentua muito a face consensual e harmoniosa da sociedade, o sistemismo parte da óptica segundo a qual todo sistema se caracteriza por certa dose de conflito, tanto internamente quanto na convivência com outros sistemas. Sobretudo na convivência com outros sistemas, a necessidade de constante interação traz fricções inevitáveis, bem como a exigência de constante adaptação a novos momentos e a novas circunstâncias.

A capacidade de elaborar para os conflitos surgidos uma resposta adequada, no sentido de os resolver, ou pelo menos compensar ou abafar, é característica típica do dinamismo sistêmico. Nisto reside sua condição de persistência histórica.

No momento, porém, que já não consegue garantir a retroalimentação circular, no sentido de que não alcança responder adequadamente ao desafio da ambiência e às fricções do funcionamento, o sistema pode entrar em colapso. É claro que todo sistema apresenta uma face de partes inter-relacionadas. Mas é mais importante a dinâmica sistêmica.[11]

O sistemismo propõe-se substituir a dialética, porque não foge ao conflito e nisto é dinâmico e histórico. A diferença parece-nos que está na concepção de conflito. Para o sistemismo, a tendência é ver somente conflitos internos, por definição solucionáveis, ou conflitos oriundos da convivência ambiental, mas sempre manejáveis. O sistemismo não concebe bem conflitos não solucionáveis que acarretariam a superação do sistema.

Se comparássemos à dialética, o sistemismo ficaria apenas com o pé não antagônico, e se daria mal com o pé antagônico, já que este significa transição do próprio sistema. Assim, o problema do sistemismo é de fechamento excessivo, porque tem como horizonte de seu dinamismo o horizonte do próprio sistema. Mudanças há, mas aquelas dentro do sistema, que não pedem sua superação. Ou por outra, admitem-se mudanças *dentro* do sistema, não *do* sistema.[12]

Certamente trata-se de uma metodologia dinâmica que, embora muito aparentada ao funcionalismo, o supera nisto de longe. Mas liga-se a um dinamismo historicamente unilateral, porque seria praticamente incoerente ao sistemismo basear-se na morte dos sistemas. Sua propensão será, obviamente, a de ressaltar a dinâmica de manutenção do sistema.

Por isso mesmo, é hoje uma metodologia extremamente difundida e de grande influência. Na verdade, invadiu completamente certas disciplinas acadêmicas, principalmente administração pública, administração das empresas e também economia e política. Afinal, admi-

---

11. P. Demo, *Metodologia Científica em Ciências Sociais* (Atlas, 1980) p. 231 ss.
12. J. D. Nicolás, *Sociología entre el Funcionalismo y la Dialéctica* (Guadiana, 1969); T. Parsons, *Societies: Evolutionary and Comparative Perspectives* (Prentice-Hall, 1966).

nistrar é tratar da manutenção de sistemas, levá-los ao funcionamento mais racional e produtivo possível, cuidar que não sejam colocados sob contestação, e assim por diante.

Para estruturas de poder foi um verdadeiro achado, porque apanha precisamente o movimento· de estruturação da sociedade visto na óptica dos dominantes. A lógica do poder, de cima para baixo, é de manter, de maximizar, de legitimar. A teoria sistêmica aproveitou tudo o que veio do campo da informática, na qualidade de instrumentos capazes de detecção de conflitos, de elaboração de respostas adequadas, de planejamento integrado, de controle de processos, de avaliação de projetos, e assim por diante. Diante de estruturas muito sofisticadas de informação, a sociedade tornou-se mais manipulável, mais previsível, mais administrável. A mudança mais drástica vai ficando cada vez mais difícil porque os controles são inúmeros e eficientes.

Controlar conflitos é a habilidade fundamental da metodologia sistêmica. Significa não mais o controle duro, maquiavélico, no sentido das imposições extremamente excludentes; significa muito mais — embora jamais se elimine o anterior — a cooptação dos adversários, o convencimento através da propaganda, o "fazer a cabeça" através da indústria cultural, a oposição domesticada, e assim por diante.[13]

À medida que se corta a discussão sobre os fins da sociedade, discutem-se somente os meios de a administrar. Colocá-la para funcionar, fazê-la girar dentro do dinamismo retroalimentativo, azeitar possíveis fricções, eis a tarefa que os dominantes esperam da metodologia sistêmica.

A idéia soviética da dialética não antagônica perfaz com perfeição esta tendência metodológica moderna. Caçou-se a antagônica, aquela comprometida com superações históricas. Ficou apenas aquela que movimenta, faz cócegas, reforma, mas não salta. É técnica refinada de manipulação dos dominados, dos quais se espera concordância, sustentação, fidelidade. Pode ser a justificação ideológica mais refinada da manutenção do poder.

Ao mesmo tempo, o sistemismo imagina aplicar a mesma postura metodológica para toda a realidade, voltando à idéia positivista e estruturalista da unicidade da ciência. Concebe a história como circular, exacerbando muito a presença de estruturas invariantes. Mais do que ligado em conteúdos, acentua o aspecto relacional ou a organização *per se*.[14]

A natureza é um sistema, a ecologia é também, como a sociedade igualmente o é. Ter-se-ia encontrado um elo comum, não mais na re-

---

13. P. Demo, "Da Burocracia à Administração Total", in: *Documentação e Atualidade Política*, UNB, n.º 10, maio de 1980, p. 3 ss.

14. L. von Bertalanffy, *Teoria Geral dos Sistemas* (Vozes, 1973).

dução do humano ao material, mas nas identidades das condições de organização.

O sistemismo busca abrir-se principalmente por levar em conta a dinâmica do contato com sistemas outros que funcionam como ambiências. Os sistemas adaptam-se, aprendem, mexem-se. Todavia, o movimento é sistêmico, ou seja, encerrado no horizonte do sistema. Sobretudo quando olhado no quadro das estruturas de poder, percebe-se sua unilateralidade, já que sacraliza a posição de cima para baixo. A real dinâmica do poder está condicionada muito mais pela possibilidade de contestação de baixo para cima. Nisto a dialética é muito mais compatível com a história.

8
ALGUNS EXERCÍCIOS METODOLÓGICOS

A finalidade deste capítulo é introduzir a idéia de exercícios metodológicos, com vistas a reduzir a tendência verbalizante e filosofante da metodologia. Muitas vezes, seu estudo é feito na base da passividade dos alunos, que apenas escutam um discurso complicado e estranho do professor.

Infelizmente metodologia é uma disciplina exigente, porque trata de uma face central da ciência, muito polêmica, dispersa e complexa. Pode-se tentar simplificar a questão, mas este esforço vai até certo ponto. Tratando-se de questões de profundidade, exigem reflexão, amadurecimento e dedicação árdua ao tema.

A idéia de propor alguns exercícios tem, assim, a finalidade de trazer à teorização algum sentido prático e sobretudo ensaiar movimentos da pesquisa, que é o que realmente interessa. Acreditamos que poderiam motivar mais o interesse por esta discussão, por vezes árida e complicada. Ao mesmo tempo levaria à leitura e à discussão.

A muitos ocorreria a idéia de que metodologia ficaria melhor no final do curso, quando o aluno já dispõe de uma visão da disciplina e domina certo conteúdo. A outros será preferível apresentar logo de início porque deveria ser preocupação constante e principalmente a preocupação inicial.

Seja como for, é quase consenso que se apresente logo de início, fazendo parte do que se chama ciclo básico. Foi neste sentido que se imaginou esta simplificação aqui elaborada. E para facilitar mais as coisas, idealizamos alguns tipos de exercícios, que codificamos sob dez variedades, sem qualquer pretensão de exaustividade e muito menos de substituir a criatividade do professor, que pode sempre ir muito além do que aqui se propõe.

8.1. ALGUMAS LINHAS

1. Um primeiro exercício poderia ser chamado de *treinamento lógico* através do qual procuraríamos formar a habilidade e o cuidado em operações lógicas simples e fundamentais para a construção científica, como seria definir bem um conceito, classificar abrangentemente as faces de um problema social, deduzir coerentemente a causa principal a partir de seus efeitos, e assim por diante.

2. O *trabalho escrito,* também em grupo, mas sobretudo individual, é um dos exercícios mais importantes através do qual se pode treinar a montagem formal de seu ordenamento (partir de uma hipótese, construir as partes do corpo central, os argumentos principais, e chegar às conclusões), e o tratamento do conteúdo, de modo a mostrar com argumentos o que se pretendia na hipótese. Na verdade, o que fica como bagagem importante para o aluno é aquilo que ele mesmo constrói, com suas próprias forças. A exposição do professor, por mais brilhante e atraente que possa ser, não substitui o esforço pessoal. Trata-se de levar o aluno a trabalhar diretamente e a ensaiar construções incipentes da ciência.

3. A *crítica* constitui iniciativa relevante, já que supomos ser a ideologia companheira inseparável das ciências sociais. Trata-se de saber identificar posições ideológicas, de desmascarar ideologias, de contrapor ideologias opostas, de fazer ideologias conscientes, e assim por diante. Pode ter como resultado interessante não só descobrir lastros ideológicos alheios, mas sobretudo a formação da necessária modéstia do cientista que se admite também ideólogo.

A crítica ideológica é apenas uma face. Outra seria a crítica interna, destinada a apontar falhas internas em pesquisas, de tal sorte a surpreender incoerências lógicas e sociais. A crítica interna é muito mais importante que a externa, porque não diverge por razões ideológicas de pontos de vista contrários, mas procura basear o dissenso em erro da própria pesquisa criticada. Ademais, a crítica externa também interessa, ainda que a contestação se funde em critérios externos de cientificidade.

4. A *autocrítica* é simplesmente a outra face da mesma moeda. Costumamos criticar os outros, mas facilmente nos isentamos da crítica a nós mesmos. Serve para nos despirmos de nossas crendices, de nossos vazios teóricos e metodológicos. Leva a reconhecer o nível de nossas ignorâncias. Colabora na formação de uma personalidade científica, madura e pluralista na qual a firmeza de uma posição se obtém principalmente através da argumentação, não da exasperação ideológica.

5. Ensaiar a *pesquisa* é algo da mesma ordem de importância que o trabalho escrito individual. Dizíamos que existem quatro versões mais comuns: a teórica, a metodológica, a empírica e a prática. Todas

elas oferecem ocasião de enfrentar a realidade social, nos vários ângulos, ainda que sem maiores sofisticações, é claro. Esta proposta é vital para evitarmos que os estudantes acabem o curso sem jamais terem realizado alguma forma de pesquisa, e muitas vezes sem terem escrito algo de forma mais organizada e criativa. Se a meta é formar o pesquisador, é preciso começar por ela, para incutir o gosto e a responsabilidade de construir ciência, e não apenas de ler, ouvir, imitar e copiar.

6. A *polêmica metodológica* pode ser também um bom expediente para aclarar posições e levar ao aprofundamento. É possível fazê-la em grupo, ou no ambiente de um grupo contra o outro. Ensaia-se com isto a boa argumentação, o revide respeitoso, a defesa tranqüila, a objeção sem ofensa, a discussão ordenada e ordeira, a prática do pluralismo etc.

7. Realizar *demarcações científicas* é uma tarefa mais complexa, mas pode ser exercitada em doses iniciais. Trata-se de tentar fundamentar, porque acreditamos ser certa obra, certo artigo, certo autor, certa escola, dotados de qualidade científica ou não. Procura-se identificar partes mais e menos aceitáveis, argumentações mais e menos sólidas, coisas criativas e outras imitativas, presenças excessivas ou justificadas do argumento de autoridade, passos ingênuos e outros inteligentes, distorções de fatos, e assim por diante.

8. *Identificar correntes metodológicas* também é um esforço bastante complicado, mas muito produtivo, porque colabora para a percepção de diferenças e de coincidências de metodologias em autores e escolas diversas. Geralmente os autores não se declaram abertamente filiados a uma determinada escola; e, no caso de outros que gostariam de inventar uma posição nova, é preciso ver se é nova e criativa. A identificação profunda disto tudo é algo sofisticado que numa introdução metodológica não se aplica. Mas poderíamos fazer exercícios iniciais, pelo menos no sentido de buscar alguns elementos dentro de uma obra que já se sabe pertencer a determinada corrente.

9. É também um treinamento salutar o *fichamento* de livros ou artigos para fins de fomentar e aprofundar leituras. A leitura é um procedimento fundamental em ciências sociais. O fichamento em si não é grande trabalho porque realiza apenas uma extração de tópicos. O mais importante é treinar a construção de um artigo. Todavia, com vistas a fomentar a leitura, o reconhecimento bibliográfico, o manuseio de algum livro ou obra, o fichamento é expediente recomendável.

10. Enfim, pode ser bom exercício a *elaboração de hipóteses de trabalho*, para fomentar a criatividade explicativa, principalmente sobre um tema pouco conhecido. Trata-se de traçar suspeitas explicativas sobre um fenômeno colocado em discussão.

8.2. ALGUMAS EXEMPLIFICAÇÕES

1. Quanto ao *treinamento lógico:*

a) propor o esforço de *definir* conceitos sociais importantes, tais como: capitalismo, neurose, paz, qualidade de vida, educação, cultura etc.; definir significa delimitar o conceito de tal maneira que se distinga dos outros, não se superponha e não contenha faces confusas;

b) procurar *classificar* faces de um fenômeno complexo, como, por exemplo, variáveis que influem na formação de uma favela; causas da guerra; motivos que levam um casamento à separação; razões do anonimato urbano etc.;

c) traçar as *causas* de determinado efeito, e vice-versa: causas da inflação; efeitos de greves; causas da evasão escolar etc.;

d) destacar *contradições lógicas* em certo trabalho com pretensões científicas, tais como: conclusões contrárias à posição inicial ou pelo menos estranhas; argumentos que se desdizem; tópicos soltos dentro do trabalho; suposições gratuitas etc.;

e) encontrar *afirmações não fundamentadas,* na base de mera impressão pessoal, de opinião solta, de suposição sem lastro.

2. Quanto a *trabalho escrito:*

a) montar uma *estrutura ordenada e lógica* das partes constituintes, por exemplo: introdução, capítulos do corpo do trabalho, argumentos de cada capítulo, conclusão;

b) exercitar o *tratamento de conteúdos;* como fundamentar uma proposta de trabalho, como argumentar, como cercar o tema, como comprovar etc.;

c) treinar a formação de uma base teórica para fundamentar a posição que se considera correta, bem como o apoio em dados e fatos;

d) buscar sustentação bibliográfica.

3. Quanto à *crítica:*

a) *identificar* posições ideológicas, por exemplo, de partidos políticos, de personalidades públicas eminentes mas também de autores;

b) *contrapor-se* a ideologias: ao nazismo, às ditaduras, ao racismo etc.;

c) *desmascarar* ideologias: ideologia por trás de uma novela de televisão, por trás do discurso da igreja, da ajuda ao desenvolvimento, da psicanálise, do crescimento econômico etc.;

d) *defender* ideologias: democracia, não-violência, redução das desigualdades sociais, reconhecimento da cultura de minorias etc.;

e) localizar *incoerências* de determinada argumentação, vendo-a por dentro, colocando-se no lugar do autor; procurar entender, antes de rejeitar;

f) levantar exemplos de *críticas externas* que se agarram a autoridades, a meras divergências ideológicas, à imposição da força etc.

4. Quanto à *autocrítica:*

a) identificar a *fragilidade* das opiniões próprias baseadas apenas no "eu acho";

b) identificar o *mimetismo* parasitário da maioria de nossas posições assumidas acriticamente de outros;

c) identificar nossas *ignorâncias;*

d) identificar *vazios* teóricos e metodológicos que tornam nossa argumentação parcial, frágil, mal arrumada.

5. Quanto à *pesquisa:*

a) ensaiar a pesquisa *teórica,* por exemplo: o que é que se entende por universidade, por educação, por cidade, por migração etc.; qual o conceito de educação em determinado autor ou escola, o conceito de desenvolvimento, o conceito de normalidade psíquica em Freud etc.;

b) ensaiar a pesquisa *metodológica:* diferença entre opinião e argumento, entre senso comum e ciência; o que é ideologia; o que é crítica metodológica; o que é rigor científico; traços principais de uma escola da óptica metodológica;

c) ensaiar a pesquisa *empírica:* levantar dados sobre determinado assunto; fazer uma pesquisa simplificada de opinião; observar o comportamento dos outros; interpretar dados e tabelas; discutir diferentes interpretações do mesmo dado;

d) ensaiar a pesquisa *prática:* como vê a realidade determinado partido político, a igreja, o pobre, o rico; extrair formas de conhecimento da prática de cada um, ou da omissão; elaborar os componentes principais da ideologia de cada um, da classe a que se pertence, da associação profissional; identificar sua própria posição política etc.

6. Quanto à *polêmica metodológica:*

a) colocar *dois grupos* frente a frente e pedir que um defenda e o outro ataque uma determinada posição;

b) buscar o *argumento contrário,* na maior objetivação possível;

c) evitar *vícios* da polêmica, como o sarcasmo, a ironia, a ofensa etc., que não são argumento algum;

d) exercitar o argumento aceitável de *autoridade,* bem como a rejeição das formas inaceitáveis;

e) extrair *contradições* lógicas e excessos de ideologia.

7. Quanto à *demarcação científica:*

a) colocar a questão por que se *acredita* ser científica determinada obra, ou autor, ou artigo; percorrer os caminhos dos *critérios* internos e externos de cientificidade e sua forma de realização;

b) descobrir *originalidade;*

c) destacar modos inteligentes de *argumentação;*

d) lev ntar as *categorias básicas,* que perfazem o cerne do trabalho científico;

e) identificar posições *ideológicas,* explícitas ou implícitas;

f) fundamentar, por que *não se aceita* como científica;

g) decompor argumentações *contraditórias;*

h) surpreender *superficialidades* e vazios argumentativos;

i) desmascarar possível *fama falsa* de determinado autor, jornal, revista etc.;

j) levantar *deturpações* de fatos.

8. Quanto à *identificação de correntes metodológicas:*

a) tomar um texto que se crê dialético e ver como se mostra isto;

b) tomar outro texto não dialético e ver como se mostra isto;

c) distinguir uma análise funcional de outra funcionalista, ou uma análise sistêmica de outra sistemicista;

d) surpreender pretensos dialéticos;

e) mostrar análises que são apenas *descritivas* e a diferença para outras que são *explicativas*.

9. Quanto ao *fichamento* de textos:

a) levar a fichar textos considerados básicos, para que se leiam com profundidade;

b) levantar bibliografia em torno de um assunto;

c) descobrir as categorias básicas de determinado livro, aquelas que constituem a coluna vertebral;

d) reproduzir, após fichamento, as idéias de um autor, de forma verbal, ou escrita;

e) comparar autores buscando coincidências e divergências.

10. Quanto à *elaboração de hipóteses de trabalho:*

a) tomar um problema importante e ensaiar ·suspeitas de explicação, por exemplo: como solucionar o problema do menor carente, ou a seca do Nordeste, ou a alta taxa de separação conjugal em determinada cidade; como explicar a atração urbana por parte do migrante rural, ou os limites entre a normalidade e a loucura, a importância da religião na sociedade etc.;

b) descobrir faces de um problema complexo que poderiam dar pistas explicativas: surgimento da favela, criminalidade urbana, crescimento da toxicomania, conflito geracional etc.;

c) em cima de alguns dados empíricos, ensaiar explicações possíveis; interpretar tabelas simples.

Os exemplos não podem, obviamente, ser especializados. Normalmente precisam ser retirados da vida diária e rotineira da pessoa, supondo-se que se trate de estudantes inicipientes. A dimensão de escolha é praticamente infinita. O que fizemos aqui foi tão-somente mostrar a possibilidade de exercícios que poderiam ter o resultado muito desejado de realizar a vocação primeira da metodologia, que é a de motivar o construtor da ciência criativo e versátil.

Por tratar-se de ciências sociais e humanas, insistimos mais em conotações do débito social, mesmo porque predomina aqui a óptica da sociclogia do conhecimento· sobre a da teoria do conhecimento. Esta, todavia, não tem por que ser obscurecida ou secundarizada. É tão importante quanto a outra e poderíamos igualmente inventar exercícios tendencialmente voltados aos aspectos da lógica e da forma.

A metodologia precisa ser entendida também como expediente importante para mudar um pouco a nossa tendência típica de uma docência desligada da pesquisa, verbalista e passiva. É uma paupérrima formação científica aquela que se faz apenas escutando o professor ou lendo alguns textos esparsos e dispersos. Se não chegarmos à pesquisa, a universidade não ultrapassará o nível de um segundo grau melhorado. Se a universidade não criar ciência, será dispensável, porque a mera transmissão, por vezes mimética e deturpada, pode ser feita de modo mais atraente, por exemplo, através dos modernos meios de comunicação.

ROTAPLAN
GRÁFICA E EDITORA LTDA
Rua Álvaro Seixas, 165
Engenho Novo - Rio de Janeiro
Tels.: (21) 2201-2089 / 8898
E-mail: rotaplanrio@gmail.com